序

這本書希望幫助你既學會技法，又學會心法

寫這本書的起點，其實很簡單。

我真的很想幫你，幫你把那些一再重複、耗時又耗神的工作，通通交給電腦去做。你值得把時間用在更有價值的事情上。

我知道你可能會想：「可是我不會寫程式耶！」沒關係，我教過上百個學生，其中絕大多數都不是工程師，也沒學過電腦科系，甚至一開始連「什麼是變數」都搞不清楚。但他們一樣做到了。

靠的不是天分，也不是熬夜啃書。而是善用 GenAI，也就是生成式人工智慧的力量，讓電腦幫你寫程式。你只要懂怎麼問問題、怎麼驗收結果，就能讓自動化為你工作。

程式自動化，其實沒那麼難。

這本書，就是希望用最簡單的語言、最生活化的例子，帶你走過「第一次成功自動化」的關鍵一哩路。

在編寫這本書的過程中，我已盡最大努力確保所附的每一段程式碼都能運作。但也請理解，無論是 Google、Microsoft 還是 Python 的開發環境，更新速度都比我們翻書的速度還快。所以，書中的某些程式碼未來可能會失效。這並不是你的錯，也不是 AI 的錯。只是科技世界的日常。

如果你發現任何已經過時的範例，歡迎來信或透過書中的網頁連結告訴我，我會盡快更新網路上的範例檔案。

但更重要的，我希望你學會的，不只是這本書裡的某一段程式怎麼用。我真正想傳達的，是一種能與 AI 協作、解決問題、做出成果的心法。

程式碼會過時，平台會變動，但解決問題的思維方式不會過時。

未來無論你面對什麼新工具、新挑戰，都能用你在這本書學到的方式，勇敢去面對，從容找出解方。

這是一本寫給「不會寫程式」的你，也是「想更有效率工作」的你的書。從現在開始，一起走進自動化的世界，讓 AI 成為你最強大的工作夥伴吧。

—— 亨利羊

目 錄

▎第 1 章　為什麼要學習程式自動化

1-1	自動化有什麼好處	1-2
1-2	程式自動化比你想得還簡單	1-5
1-3	如果什麼都可以問 AI，這本書的價值在哪？	1-8
1-4	本書的目標與閱讀建議	1-11

▎第 2 章　程式自動化最重要的不是技術，而是觀念

2-1	自動化的關鍵心態	2-2
2.2	魔法是想像的世界	2-4
2-3	其實有時候自動化並不值得	2-6

▎第 3 章　最適合一般人入門的三大程式平台

3-1	辦公室自動化的三大程式語言：Google Apps Script、Python、VBA	3-2
3-2	為什麼要比較三種語言？	3-4
3-3	與 Google 生態系完美結合的 Google Apps Script	3-5
3-4	通用性強、學習資源多的 Python	3-8
3-5	深度整合 Microsoft Office 的 VBA	3-11
3-6	如何依照需求挑選最適合的語言	3-14
3-7	我該選哪個語言？試試這個判斷流程圖	3-17

第 4 章　Google Apps Script 入門

4-1　Google Apps Script 基本介面 4-2
4-2　Google Apps Script 的觸發器 (Trigger) 4-15
4-3　Google Apps Script 基本語法 4-22
4-4　Google Apps Script 的執行限制 4-26

第 5 章　Python 入門

5-1　建立 Python 環境 5-2
5-2　Python 基本語法 5-12
5-3　要怎麼定時執行 Python 程式？ 5-16

第 6 章　VBA 入門

6-1　VBA 面操作 6-2
6-2　VBA 基本語法 6-12

第 7 章　靠 AI 開始寫你的第一支自動化程式

7-1　與 AI 協作 7-2
7-2　理解 AI 提供的程式碼 7-4
7-3　除錯與優化 7-7
7-4　用 AI 寫程式範例 7-9
7-5　如何使用本書案例 7-13

第 8 章　自動化案例 - 資訊整理與報表處理類

8-1　自動整理 Google Drive 裡的檔案 8-2
8-2　自動轉存 Email 附件 8-7

| 8-3 | 一鍵拆分表格：讓資料自動分類到不同工作表 8-14
| 8-4 | 一鍵匯總表格：讓多個試算表的分頁集中到一個檔案 8-20
| 8-5 | Google Apps Script 範例：整合 Google Drive 資料夾中所有 Sheets 的分頁.. 8-23
| 8-6 | VBA 範例：整合資料夾中所有 Excel 檔案的所有工作表 8-25
| 8-7 | Python 範例（搭配 openpyxl）：整合本機資料夾中所有 Excel 分頁.. 8-26
| 8-8 | 小結與加碼建議 8-28

第 9 章 自動化案例 - 溝通行銷與通知提醒類

| 9-1 | 自動寄送客製化信件或廣告 9-2
| 9-2 | 自動追蹤信件成效 9-7
| 9-3 | 任務管理：日期快到就自動提醒你 9-12
| 9-4 | 自動觸發通知訊息 9-18
| 9-5 | 自製簡易電子報系統 9-24
| 9-6 | 自動指派業務小幫手 9-30

第 10 章 自動化案例 - 內容產製與轉換類

| 10-1 | 自動根據大綱產生投影片 10-2
| 10-2 | 自動翻譯投影片 10-7

第 11 章 自動化案例 - 資料蒐集與自動化整合類

| 11-1 | Linkedin 爬蟲機器人：自動抓取個人大頭照 11-2
| 11-2 | 早報自動送到手：新聞標題爬蟲教學 11-7
| 11-3 | 綜合多個功能的自動化客戶管理系統 11-13
| 11-4 | 串接開放資料 API：即時 YouBike 資訊大公開！ 11-25

第 12 章　開發自動化的時候，務必考慮的重點

12-1　先花點時間把資料與架構整理得乾淨整齊 12-2
12-2　Prompt 愈具體愈好……嗎？ 12-6
12-3　你是做給自己用？還是做給別人用？ 12-9
12-4　你是短期用？還是要長期使用？ 12-12
12-5　如何進行版本控制 12-15
12-6　什麼是版本控制？ 12-16
12-7　Google Apps Script：用「部署版本」來保存歷史 12-17
12-8　Python：用「備份副本」開始，再進階使用 Git 12-19
12-9　VBA：用 Excel 自帶的「檔案備份」+ 模組匯出 12-20
12-10　總結：三種語言的版本控制建議 12-21

第 13 章　AI 忘了告訴你的常見問題

13-1　我的自動化程式跑好久，怎麼改善？ 13-2
13-2　自動化大量寄信，要注意哪些事情？ 13-6
13-3　Google Apps Script 做的自動化功能，手機或平板也可以用嗎？ 13-11
13-4　為什麼修改 Google Apps Script 程式都沒生效 13-16
13-5　缺乏權限導致 Google Apps Script 自動化失敗 13-20
13-6　蛤？這個應用程式未經 Google 驗證？ 13-23
13-7　什麼是 API？怎麼用 API？ 13-26

第 14 章　不只用 AI 寫程式，更把 AI 加入你的程式

14-1　如何在你的程式裡使用 AI 之力 14-2
14-2　三個內建 AI 之力的例子 14-9

第 15 章　可以靠 AI 寫程式，當然也可以靠 AI 做網頁

15-1　什麼是前端與後端？ 15-2
15-2　從零做出你的第一個前端網頁 15-6
15-3　關於前端你值得知道的 prompt 15-8

第 16 章　這只是開始

16-1　在修練的道路上持續精進 16-2

為什麼要學習程式自動化

1-1 自動化有什麼好處

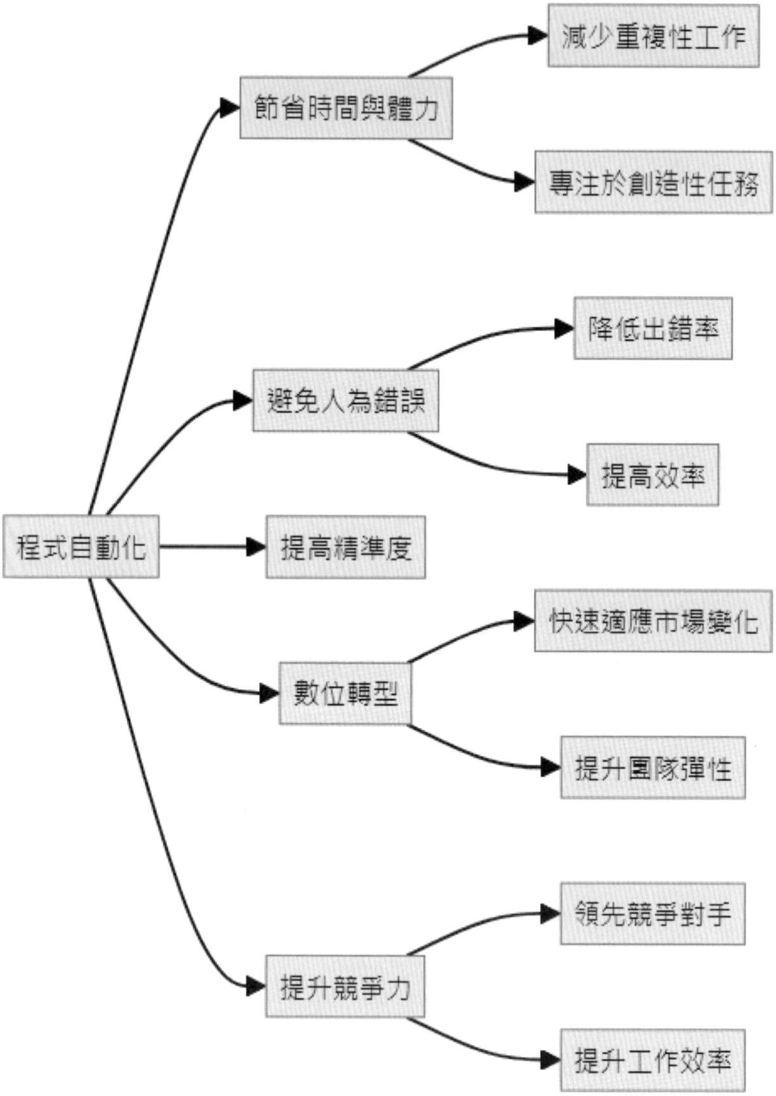

在進入任何技術細節之前,我想先和你聊聊「為什麼要自動化?」這個問題。很多朋友常常對程式抱持敬而遠之的態度,覺得自動化好像只是工程師才會做

的事,或者認為「自動化」一定得是超大企業、大系統才需要的東西。其實不然,自動化的好處非常接地氣,就算是個人或小團隊,也常常因為某些簡單的自動化而節省了大量時間、人力,還能避免重複性的瑣碎工作。

接下來,讓我們從幾個自動化的角度來探討:

1.1.1 節省時間與體力

每天上班時,是否有一種「明明是重複性的作業,卻要花大量心力去處理」的無力感?像是對著 Excel 表格整理數據、依照客戶名單寄信,或是下載資料後再手動上傳到另一個系統。這些聽起來瑣碎卻占去我們大部分工作時間的「機械式任務」,在自動化的世界裡,可以變成只要「按一個按鈕」,甚至連按都不用按就能完成的行程表事件。把這些重複工作交給程式,我們就可以騰出時間做更有價值或更具創造性的事情。

1.1.2 避免人為錯誤,提高精準度

當一個流程要手動做上百次、上千次時,難免會出差錯,尤其在面對繁複的數據或細節時,更容易疏漏。程式自動化能有效地保證每次執行的流程、條件都一模一樣,可以大幅降低出錯率。少了疏忽和修正的麻煩,也就能帶來更高效率與更佳品質。

1.1.3 數位轉型與競爭力

近年來大家常聽到「數位轉型」,其實最簡單的起手式,就是把能夠程式化的任務先「自動化」。透過簡單的程式語言或 AI 工具做出一套自動化流程,可以讓你與你的團隊或公司更加有彈性,並且在面對市場的變動時,能更快地做調整。想想看,如果你的競爭對手每次都要人工調整檔案、匯入匯出,而你只要一小段程式碼甚至排個自動排程就能做完,是不是就領先了一步呢?

1.1.4　現在就是做程式自動化的最佳時機

以前常有人抱怨學程式門檻高，要先懂語法、會寫程式碼，還得具備一定的邏輯訓練。現在因為 AI 的興起，大大降低了入門的難度。就算你不知道怎麼定義變數或函數，也能把你的需求告訴 AI，讓它幫你產生初步的程式碼。接下來只要稍微做些調整或測試，就能做出第一個自動化小工具。相比「從零學寫程式」的傳統方式，這種「先透過 AI 生程式碼，再慢慢理解程式邏輯」的路徑，往往能帶給新手更大的成就感，也能以更直覺的方式理解自動化的思維。

以上幾點，其實就足以顯示自動化在現代工作環境中的價值：它讓我們能夠把瑣碎、重複的工作交給機器完成，並在確保品質與效能的同時，也為自己創造更多的發揮空間。還有最重要的一點，自動化並沒有想像中那麼困難，尤其是透過本書一步步引導，再加上 AI 工具的輔助，你會發現自己其實可以很快就做出屬於自己的「迷你自動化神器」。在下一節，我們將更進一步探討「程式自動化」到底是什麼，以及為什麼它比你想的還簡單。

1-2 程式自動化比你想得還簡單

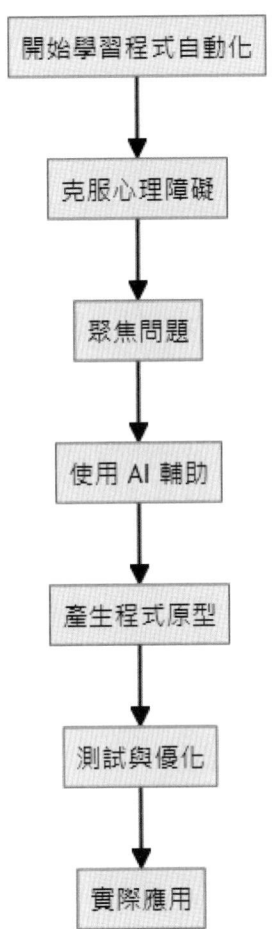

很多人一聽到「程式自動化」就會自然而然地聯想到一大堆專業術語，或是腦中浮現密密麻麻看不懂的程式碼畫面。其實，大部分自動化的概念都脫胎自「解放人力、節省時間」這個很生活化的目的；真正落地操作時，反而沒想像中那麼複雜。尤其現在有了 AI 的幫忙，更是省力又直接，讓人能「先用、後懂」，一邊享受自動化帶來的效率，一邊循序漸進地了解其中的程式原理。

1.2.1 「程式」不再只是工程師的專利

過去要學寫程式，多少得先懂點基礎理論，像是變數、條件判斷、迴圈結構等等。這些概念的確重要，但如果你只想完成「自動寄信」、「自動更新報表」這種小型專案，其實不需要搞得太艱深。就算是毫無程式背景的人，也能先把具體需求輸入給 AI，請它幫忙產生初版程式碼。之後再跟它對話，讓 AI 解釋每一段程式的功能，大致了解運作邏輯就好。能跑起來、能解決問題就是入門最大的成就感，後續如果想再鑽研程式的技術與理論，也能一步步往下挖。

1.2.2 克服心理障礙，先有「做得到」的想法

大多數人對程式自動化的恐懼，常常是來自於「不懂」或「沒把握」。但你可能會發現，其實你早就會使用許多自動化功能了。例如，你每天都有可能在使用 Google 日曆的提醒功能，或是用 Excel 的巨集自動整理工作表，甚至把線上的表單輸入直接整合到雲端資料庫。這些功能的背後，都是某種程式在自動執行。有了 AI 輔助後，門檻變得更低，你只需要把需求完整表達出來，就能實際體驗到「原來自動化可以這麼直覺」的感受。

1.2.3 聚焦在想解決的問題

自動化的本質，是為了解決問題、優化流程，而非為了寫程式而寫程式。所以在開始之前，我建議你先想想有哪些令你感到繁瑣的重複性工作：

- 是否每天都要手動寄出一堆相似的郵件？
- 是否要定期將多筆資料從一個表格複製到另一個系統？
- 是否有固定的報表要更新、彙整、甚至發給特定同事？

只要把這些「希望機器代勞」的需求列出來，然後問自己：「想做到什麼程度？哪些步驟不能錯？多久跑一次？」把問題界定清楚，下一步只要把這些需求告訴 AI，讓它幫忙生成一段簡單的程式碼，就能完成大部分重複工作的自動化原型。

1.2.4 AI 當你的私人程式顧問

有了 AI 的幫助，我們在遇到不懂的程式時，不必再到處翻資料或搜尋論壇，也不用急著放棄。只要把錯誤訊息、目前卡關的地方、想達到的效果告訴 AI，它就能用比較直白的語言解釋給你聽，甚至能替你找出問題所在、產生修正後的程式碼。如果要切換到另一種程式語言，也可以直接請 AI 幫忙「翻譯」你的程式碼，讓自動化更具彈性。

總結來說，「程式自動化並不難」的關鍵，在於「先聚焦在你想解決的問題，然後運用 AI 協助完成程式原型」。這絕對比單純從零開始死記語法來得有效率，也更能維持學習動力。只要你願意開始嘗試，下一次面對那些煩人的重複工作時，你就能得心應手地找 AI 幫忙，而不再覺得手足無措。

接下來，我們會正式踏進程式自動化的世界，從基本觀念到三大常見語言的特點，一步步帶你走向「寫程式其實很輕鬆」的全新體驗。

1-3 如果什麼都可以問 AI，這本書的價值在哪？

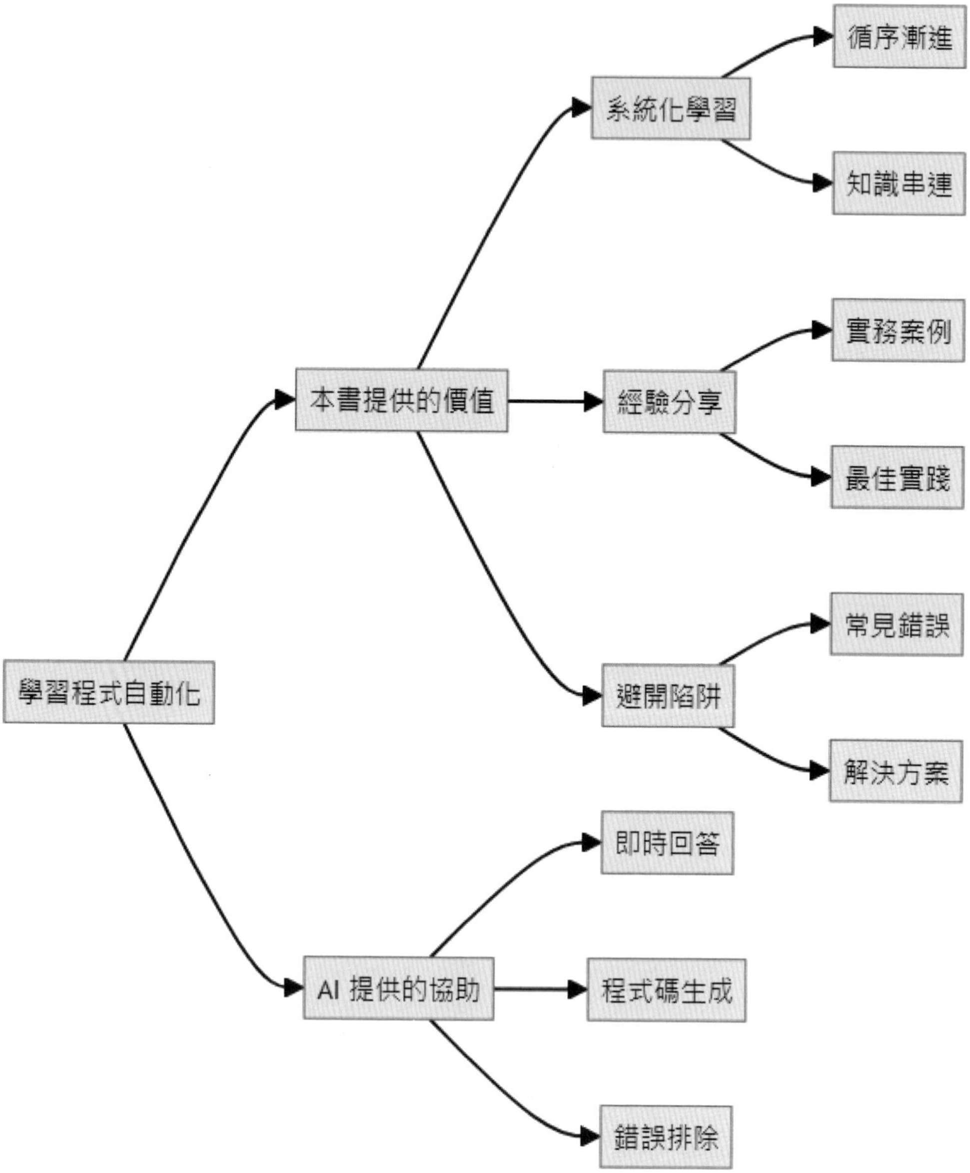

有些讀者可能會想：「既然什麼都可以問 AI，那我為什麼還需要一本教寫程式自動化的書？」這個問題其實很值得探討。誠然，生成式 AI 的確可以在學習與開發程式時給予非常多的協助，包括產生程式碼、解釋概念、排解錯誤等等。不過，本書能提供的價值，恰恰是在 AI 對話之外的一些「人性化」與「系統化」的部分。

1.3.1　幫你把零碎的資訊串連起來

AI 的回答，往往是針對你的「提問」來做回應。你可以單點地解決當下的疑問，但很容易在「點與點之間」缺少足夠的銜接，最後得到片段而零散的知識。本書則是經過系統性的編排，從心態建設、基礎概念，到不同語言與實作案例，循序漸進地帶你進入自動化的世界。藉由有架構的學習，你能更輕鬆地把知識串連起來，不會落得只知其一、不知其二。

1.3.2　不怕忘了問關鍵問題

「問 AI 前，先知道該問什麼」，這往往是新手最容易忽略的環節。當你不確定自己該怎麼問，或是完全沒想到要問哪些細節時，AI 就算再厲害，也無法給你所需的完整答案。本書會把常見的問題、盲點，以及你可能「忘了問」的關鍵疑慮，事先幫你整理出來。你只要依照書中的脈絡和案例，一步步帶著問題去詢問 AI，就能更有效地獲得你真正需要的資訊，而不會漏掉某些重要的細節或環節。

1.3.3　協助你避開 AI 的「陷阱答案」

AI 的確在程式碼生成和解釋上能提供極大方便，可是它依然有可能在某些領域或特定情況下給出錯誤、過時或不精準的資訊。你會發現，就算同樣的問題在不同時間或不同對話脈絡下詢問 AI，得到的回答也可能截然不同，甚至自相矛盾。更糟糕的是，AI 回答得很有自信，但實際跑起來卻出錯或根本用不了。

本書特地收錄了一些作者在過往問 AI 時踩到的「大坑」，並透過範例實際示範，教你如何辨別可能的錯誤跡象，並以更好的方式進行除錯與驗證。當你在遇到雷同狀況時，就能迅速地發現問題所在，或至少知道該如何詢問 AI，避免浪費太多時間在反覆嘗試錯誤的程式碼上。

綜觀以上幾點，雖然 AI 無疑是現代人學習和發展程式自動化的強大幫手，但本書能提供的，是更「人性化」、「有邏輯」與「經驗萃取」的學習路徑。透過內容的編排與實務案例，你可以快速建立對自動化的整體概念，同時掌握與 AI 有效互動的技巧，並且減少踩坑的機率。

換句話說，有了這本書，你依然可以隨時向 AI 尋求協助，但不會因為「不知道該問什麼」或「AI 給了錯誤答案」而停滯不前。反而能在清晰的架構指引下，真正享受到程式自動化所帶來的便利與成就感。接下來的章節，讓我們繼續探索自動化的世界，用更自信、更從容的方式邁步向前。

1-4 本書的目標與閱讀建議

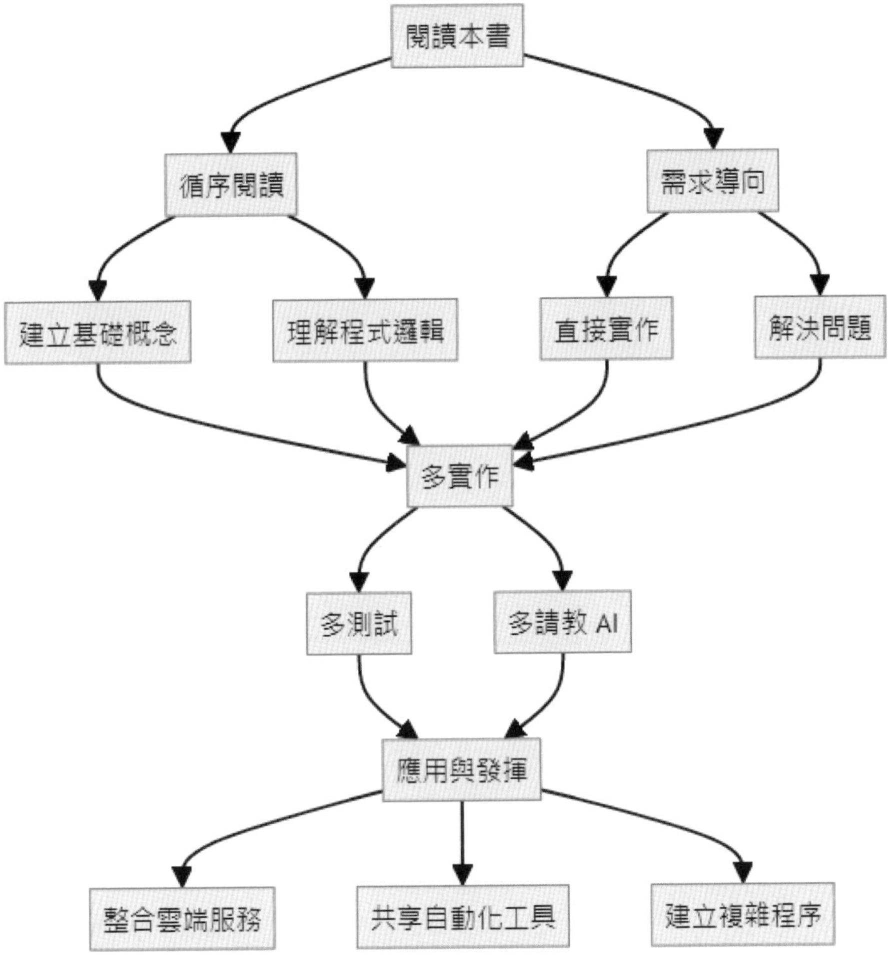

了解了「為什麼要自動化」以及「自動化其實沒那麼難」之後，接下來我想跟你分享本書的核心目標，並給你一些閱讀與學習上的建議，讓你能更有效率地運用這本書的內容，幫助自己快速上手程式自動化。

1.4.1 以「零基礎」為起點，直達可用成果

本書最大的特色，就是用「先做出成果，再來理解概念」的方式，引導你踏進程式自動化的世界。換言之，你不需要先背一堆程式語法或擔心基礎不牢，只要透過書中的範例，搭配 AI 產生的程式碼，一步步實際操作、測試，你就能逐漸建立對自動化的感覺。而且在完成第一個簡單應用後，你會明顯感受到那種「我真的做到了！」的成就感。

1.4.2 從三大語言切入，選擇最適合你的工具

很多新手會好奇：「我要學哪種程式語言？Google Apps Script、Python、還是 VBA？」本書會針對這三大常見語言各自的特點、應用情境和操作方式，提供一連串的比較與示範。你可以同時參考三種語言的範例，或是先挑選一種語言來專攻。畢竟，每個人工作環境不同、需求不同，並沒有絕對哪一個最強或最好，只有哪個「最符合你當前的需求」。建議在閱讀過相應章節後，不妨跟著範例自己跑一次，再決定是否有必要學習另一種語言的自動化技巧。

1.4.3 AI 作為隨身教練，善用提示詞與對話

自動化固然可以幫你省事，但如果能再搭配 AI 工具，學習過程就能事半功倍。無論你使用的是 ChatGPT、Gemini、Claude、Copilot、DeepSeek，或其他生成式 AI，只要能夠將需求清晰地表達出來，它就能替你生成初版程式碼，並在你卡關時提出建議。接下來的章節，你會看到很多教你如何「跟 AI 對話」的提示詞設計：怎麼樣描述需求、如何請 AI 解釋程式邏輯、甚至在不同語言之間相互轉換。建議你多加練習，試著自己做做看，然後遇到任何問題都可以再回頭詢問 AI 或翻閱書中的提示詞範例。

1.4.4 建議的閱讀方式

◆ **循序閱讀，全面建立概念：**

如果你是完全零基礎，建議可以先按章節順序閱讀，確保你在進行每個範例時都有足夠的理解。不一定要把所有語法都背起來，只要知道「大概怎麼用、為什麼這麼寫」，配合範例和 AI 的幫助，就能很快上手。

◆ **以需求為導向，快速取用範例：**

如果你已經迫不及待想解決某個實際工作上的需求，可以先翻到跟需求最相關的章節或範例，直接跟著步驟做。等到程式能跑起來、有初步成果後，再回過頭來補齊概念與基礎。

◆ **多實作，多測試，多請教 AI：**

寫程式不可能一蹴可幾，也常常需要面對各種「為什麼錯誤訊息都看不懂」的時刻。沒關係，只要反覆測試、嘗試列印出中間變數、或是將錯誤訊息輸入給 AI 詢問，你就能漸漸釐清問題並找到最佳解。

1.4.5 應用與發揮：你能做的還不只這些

隨著你熟悉自動化的流程與 AI 的用法，你會發現許多可以伸延的應用範圍：整合各種雲端服務、與同事或客戶共享自動化工具，甚至建立更複雜的資料處理程序。希望你在閱讀本書的過程中，能不斷挖掘這些「工作或生活的痛點」，然後透過程式自動化的方式把它們解決。

總結來說，本書的目標不是要你成為專業工程師，而是透過「AI + 自動化」的切入點，讓你快速體驗程式自動化的強大效率，並在最短時間內上手一些最實用的案例。你可以依照自己的節奏和需求閱讀，但只要記得「多動手實作、多與 AI 對話」，相信很快就會感受到自動化帶來的改變。接下來，讓我們正式進入 AI 協助程式開發的世界，看看「就算不懂程式碼，也能寫出程式」到底是怎麼一回事。

程式自動化最重要的不是技術,而是觀念

2-1 自動化的關鍵心態

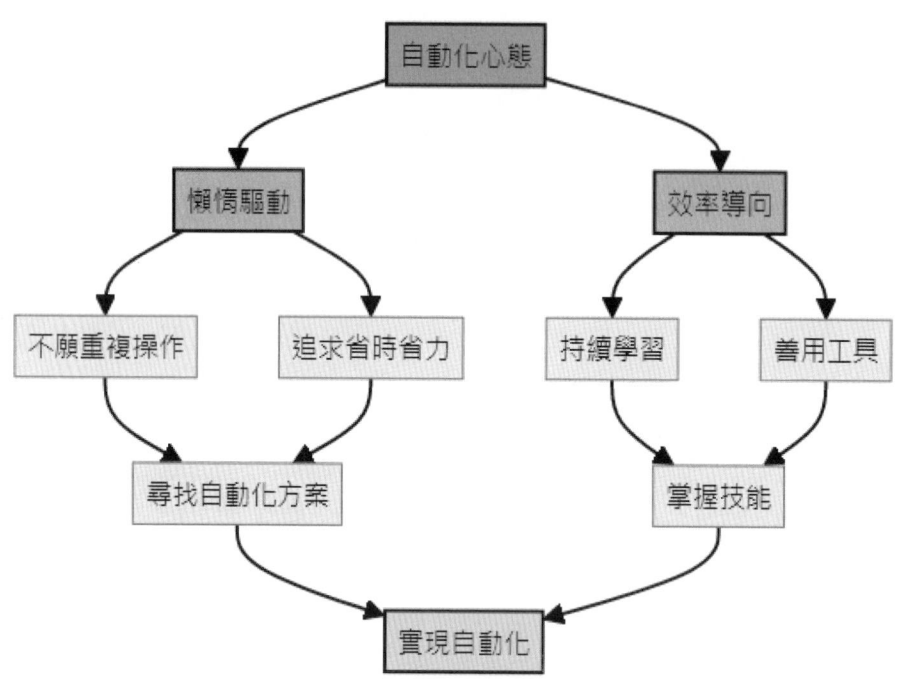

在成為工程師之前，我曾經是一位 HR 專員。在沒日沒夜的報表修練中，我鍛練出了一身專業的 Excel 能力，並延伸出了 VBA 與 Python 技能。而這些技能就是我進行工作自動化的基礎。

靠著自學苦練與因緣際會，我成功從人資領域跳轉進工程師的世界。

事後回顧，我發現在整個轉職過程中，一路驅使著我學習程式自動化的，是一個非常關鍵的因素，就是被稱為 programmer 三大美德之首的……**懶惰**！

因為我太懶惰了，所以我受不了那些浪費時間力氣的手動操作。

在教導許多人實現自動化的這條路上，我發現各種程式技能固然重要，但真正能夠幫助你實現工作自動化的，是你偷懶的決心。

那些勤勞又有耐心的人，是學不會自動化的。

那些願意刻苦加班、願意手動操作數百次重複任務的人，是學不會自動化的。

2.1.1　什麼是自動化的關鍵心態

作為一個強烈渴望「偷懶」的人，面對工作時，我們該問的不是「**這件事可以自動化嗎？**」我們要問的是「**這件事要怎麼自動化？**」

因為我們一定要成功偷懶！不論用什麼方法，我就是要偷到懶！只要有這樣的態度，你就會不斷地找方法、不斷地問問題。而在 GenAI 的時代，我們與解答的距離，往往就只差一個關鍵的正確提問。

你不一定要成為一個 programmer，但請你一定要成為一個效率工作者！

如果你自認也是一個「懶惰」的人，就讓我們一起學習，學習如何有效率地偷懶！

2.2 魔法是想像的世界

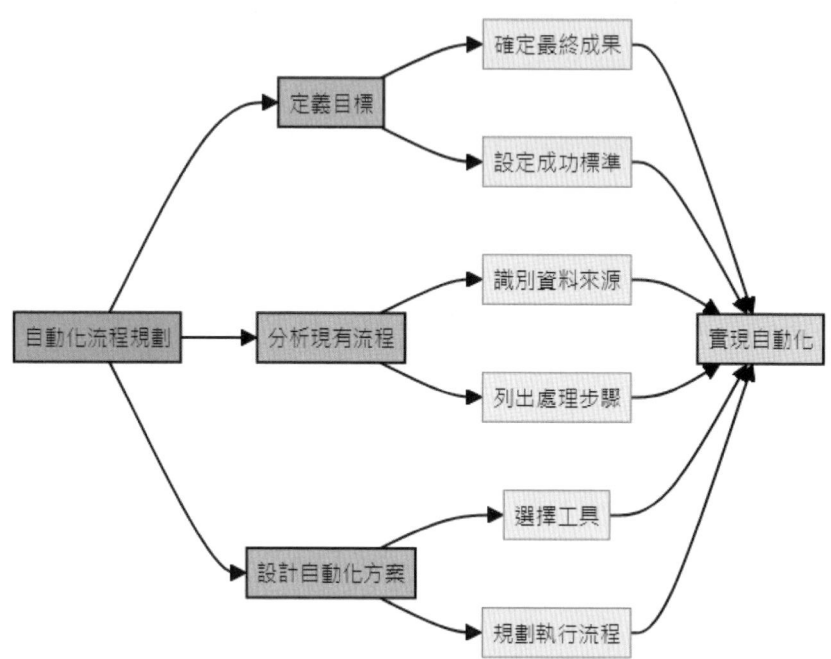

自動化就像是魔法,而芙莉蓮有說過「**想像是魔法的基礎,魔法沒有辦法做到你想像不到的事**」自動化的魔法確實也是如此。

你沒有辦法做到你想像不到的自動化。

舉例來說,如果你很愛喝羅宋湯,但是覺得手動下廚做料理太麻煩了,想要施展一個「變出羅宋湯的自動化魔法」以目前的科技,我們還沒有辦法讓一碗羅宋湯直接在餐桌上無中生有,這違反質量守恆定律。

但我們可以讓羅宋湯自動被完成!

為了實現這個自動化,我們必須要先能夠想像整個具體流程。多具體呢? 包含食材怎麼從冰箱拿出來,高麗菜菜怎麼洗,馬鈴薯怎麼削皮,胡蘿蔔怎麼切塊,鍋子加多少水,火力多強,加熱多久……

實施自動化之前，這些步驟我們都必須要能夠非常具體地想像才行。因為**在自動化流程之前，必先定義流程。**

確實我們也可以借助 GenAI 的力量來幫助我們想像流程、定義流程，不過當我們的目標是把既有的 SOP 自動化時，我們就不希望 GenAI 做額外的想像了，只要老老實實地把我現在的每個手動的步驟都自動化就好。

就像如果你今天是要做一個創意料理，那不妨和 GenAI 討論出一份全新的食譜。但如果你今天就是要做一個經典羅宋湯，那請老老實實地按照既定的食譜步驟做，否則你的羅宋湯可能就不是羅宋湯了。

2.2.1 你想好想要自動化的任務了嗎？

- 食材來源在哪裡？
- 食材有哪些？
- 你想要怎麼烹調？
- 最後想做出什麼料理？

2.2.2 舉例來說，如果你想要做一個報表自動化，

- 你的資料來源在哪裡？是某個網頁？某個系統？還是會由其它同事提供？
- 你的資料類型長什麼樣子？是 excel 表格？還是 CSV 檔？
- 你想要怎麼處理資料？哪些數字要加總？哪些數字平均？
- 最後產生的成果你想怎麼呈現？做成一個 dashboard？另存成 PDF？放到 email 直接寄出？

如果你已經對流程有具體的想像，我們下一篇就要來開始各種能幫助你實現魔法的程式語言了。

2-3 其實有時候自動化並不值得

當我們第一次接觸「程式自動化」這個世界，常常會有一種莫名的興奮感。就像第一次拿到魔法棒的小孩，看到什麼都想揮一下。

「欸，這可以自動化！」「啊，我是不是可以用 AI 幫我每天自動發信？」「這個整理表格好麻煩，不如我寫個腳本讓它自動跑！」

這種心情我懂，因為我當年也是這樣。

但我想在這裡潑一點小小的冷水： **不是每件事都值得自動化**。我們投資時間心力去做自動化是為了節省時間，如果做了自動化，反而比不做還更花時間，那這就是一個虧損的投資。

2.3.1 自動化的隱性成本

我們來算一筆帳。

假設你現在有個手動工作，每次要花你 10 分鐘。你覺得麻煩，想寫程式來自動化。這個程式你估計要花 5 小時來完成，還要測試、除錯、修修改改。

請問──**你要做幾次這個手動動作，自動化才划算？**

答案是：**30 次**。因為 5 小時 = 300 分鐘，300 / 10 = 30。你得做滿 30 次，才剛好打平你寫程式的時間投資。但這個手動工作你可能每個月才做一次！那豈不是要將近三年才會回本！這個投資報酬率實在太差。

這還不包括你之後可能要維護這個腳本、修 bug、改需求，或者在公司政策一變就要重新改寫的情況。

2.3.2 自動化的「心理帳」

除了時間成本，還有一種叫做「心理帳」的東西。

每次你多寫一個腳本，多設一個自動排程，你的腦袋其實都多背了一件事。你可能會開始想：

「這段程式半年沒看了，我還記得怎麼用嗎？」

「如果跑錯怎麼辦？會發錯信嗎？」

「當初資料夾是放在這裡啊，結果現在變了…又要改路徑。」

久而久之，這些小自動化可能會變成你生活中的一種 **技術債**。一開始是方便，後來變成包袱。

2.3.3 不要重複造輪子！

在你準備寫一段程式前，請先問自己：「**這功能是不是其實早就有人做過？**」

很多功能，其實 Excel 或 Google Sheets 都已經內建了：

- 想要自動統計一整列數字？SUM 函數一秒解決。
- 想篩選資料？有篩選器跟資料透視表（樞紐分析表）。
- 想定時寄信？Gmail 就有這個內建功能了，輕鬆設定即可。

你花幾小時寫出來的東西，也許還不如內建的功能好用。所以在做任何功能之前，都先值得稍微了解一下是不是這個功能早就有了。

程式是用來解決問題的，不是為了炫技，也不是為了從頭打造一個你不需要的新宇宙。

2.3.4 什麼時候「不值得」?

所以,我常提醒自己三個判斷標準:

◆ **1. 頻率太低的事情**

一年只做一兩次,而且手動處理也沒很麻煩,那就別寫程式了。自動化會有設定成本,偶爾做做其實沒什麼不好。

◆ **2. 本來就不該做的事情**

有時候,我們太快想著「怎麼自動化」,反而忘了問:「這件事真的有必要做嗎?」比方說,每週整理一份沒人看的報表,還自動寄信給沒人會回的主管——這種事,不如先砍掉重練。

◆ **3. 預期會一直變的事情**

如果這個流程下個月就可能改需求,或常常要變動,那寫程式反而不划算。你等於是在搬一間每天會變地址的房子,搬完一次又得再搬。

2.3.5 自動化應該幫你省事,不是添亂

真正的自動化,不是把事情「寫死」給電腦做。而是幫你**騰出時間、減少負擔、降低出錯機率**。

你應該花時間寫的自動化,是那些:

- 重複性高的事
- 錯一次會很麻煩的事
- 成本低、回報高的事

這樣的自動化,才是真的「值得」。

2.3.6 你不是機器，你是設計流程的人

最後，我想提醒你一件事：

你不是為了寫程式而寫程式，你是為了過更輕鬆、更有價值的生活，才選擇自動化。

有時候，手動比自動更適合；有時候，不做，比自動化還更聰明。

要自動化之前，不妨先問自己一句話：**做這個投資真的划算嗎？**

如果答案是肯定的，那就動手做吧！否則，就把時間留給更值得的地方。

最適合一般人入門的三大程式平台

3-1 辦公室自動化的三大程式語言：Google Apps Script、Python、VBA

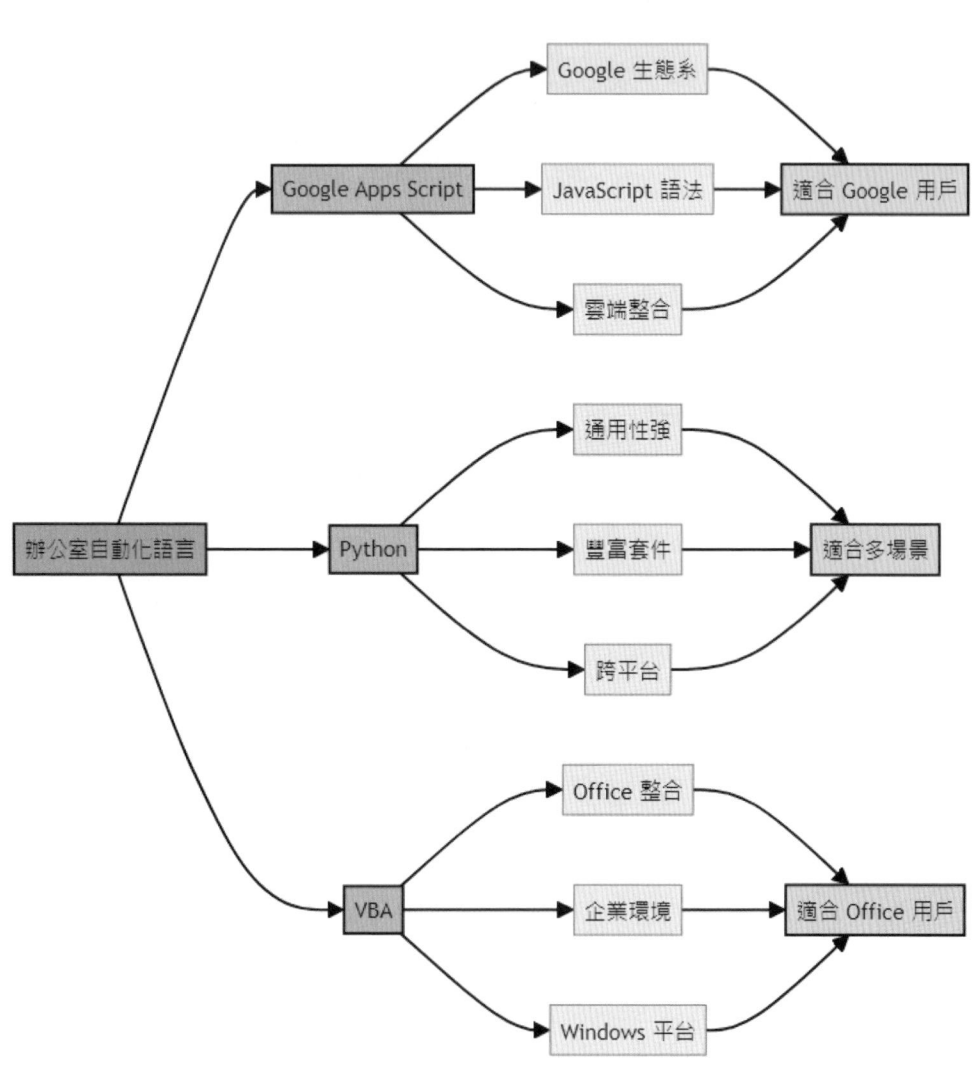

在前面幾章，我們已經了解了自動化的重要性，以及如何透過 AI 幫忙，讓程式開發不再是「聽起來很難」的事情。接下來，我想帶你進一步認識三個在業界最常被使用、也最容易接觸到的自動化程式語言：**Google Apps Script**、**Python**、**VBA**。這三大語言之所以會成為本書的重點介紹，因為他們各擅勝場：

◆ Google Apps Script（GAS）

若你的工作環境離不開 Google 生態系，諸如 Gmail、Google Sheets、Google Forms、Google Drive 等工具，那麼 GAS 幾乎是「專屬」於這些服務的最佳自動化選擇。它的基礎語法與 JavaScript 相似，但又有許多針對 Google 服務的強化功能，能輕鬆串接各種雲端應用。

◆ Python

如果你曾在網路上搜尋「怎麼寫程式？」或「新手最該學的語言？」，相信一定會看到很多人推薦 Python。它的語法直覺、社群龐大、應用範疇更是包羅萬象，從資料分析、網頁爬蟲、系統整合，到機器學習與 AI 研究，都能看見它的身影。如果你需要更彈性的操作或更豐富的函式庫，Python 會是相當不錯的選擇。

◆ VBA

假如你的工作環境習慣使用 Microsoft Office（尤其是 Excel、Outlook、Word 等），那麼 VBA（Visual Basic for Applications）會是辦公室自動化的得力幫手。很多人在工作上可能早就聽說過「Excel 巨集」，其實它的背後就是 VBA。雖然 VBA 的語法略顯古老，但深度整合 Office 套件，能在既有的 Windows 環境中無縫運作，對許多企業來說依然具備不可取代的優勢。

3-2 為什麼要比較三種語言？

有人會問：「這三種語言哪一個最好？哪一個最強？」其實，程式語言並沒有絕對的優劣之分，只有「適不適合你當前的工作情境」。因此，我們會用幾個面向來做比較，包含語法難易度、應用場景、與其他工具的整合性，以及未來擴充的可能性。隨著工作需求不同，或許你會在一開始先選擇跟自己環境最契合的語言，之後也可能同時掌握多種語言，讓自動化的版圖更廣。

對初學者來說，更重要的是：「你可以先從一個最能快速上手、或最貼近自己需求的語言開始，做出第一個能解決實際問題的自動化專案。之後如果發現另一個語言更能對應你的新需求，再慢慢轉換或補足。」這才是最彈性的學習方式。而且，現在有了 AI 的協助，語言之間的轉譯、教學、疑難排解，其實都不再那麼困難。

待你閱讀完這一章，相信你就能更全面地了解這三種語言的定位，並進一步釐清到底哪一條路徑最能滿足你的自動化需求。下一步，你就可以在後續的章節裡，針對各語言的入門範例進行更深入的學習與實作。準備好了嗎？讓我們正式進入 Google Apps Script、Python 和 VBA 的世界，一起探索各自的魅力與功能吧！

3-3 與 Google 生態系完美結合的 Google Apps Script

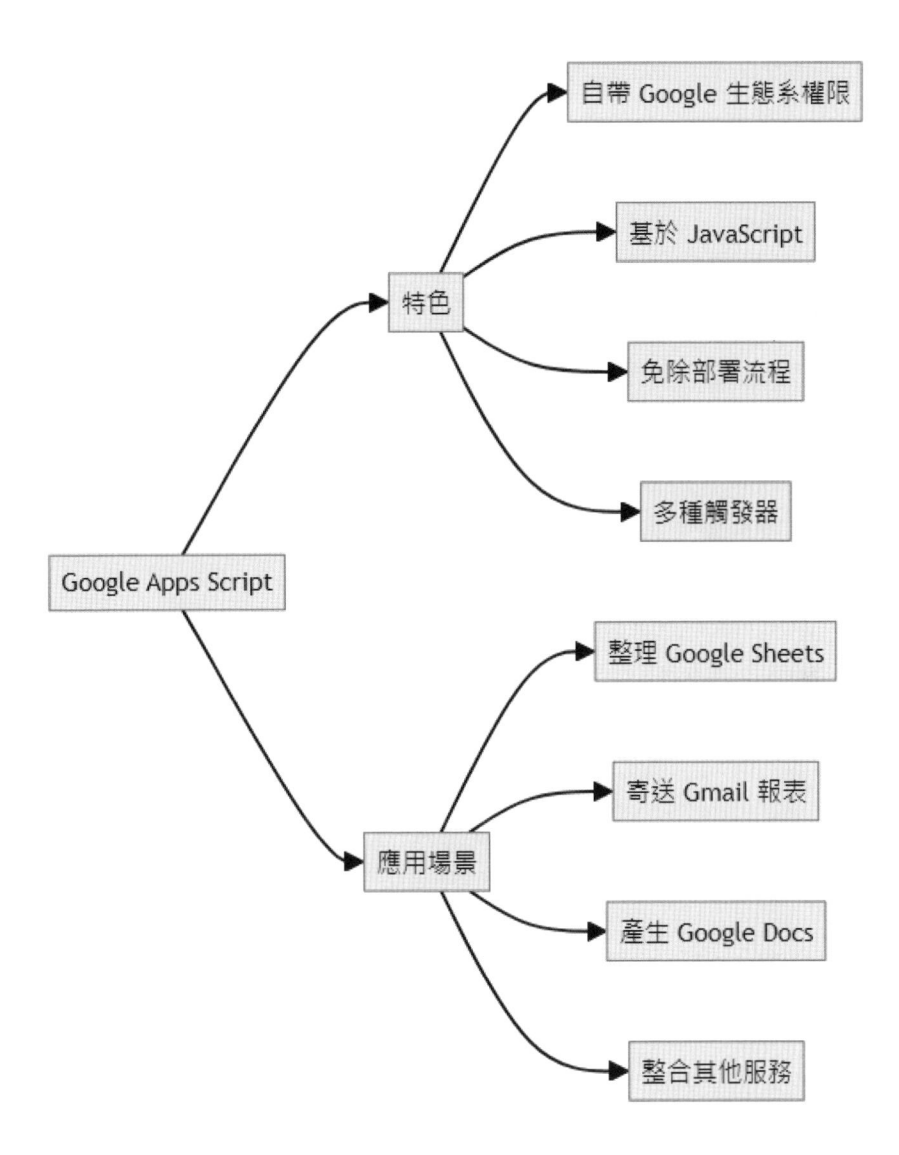

```
                                    ┌─ 自帶 Google 生態系權限
                                    │
                          ┌─ 特色 ──┼─ 基於 JavaScript
                          │         │
                          │         ├─ 免除部署流程
                          │         │
                          │         └─ 多種觸發器
Google Apps Script ──────┤
                          │         ┌─ 整理 Google Sheets
                          │         │
                          │         ├─ 寄送 Gmail 報表
                          └─應用場景┤
                                    ├─ 產生 Google Docs
                                    │
                                    └─ 整合其他服務
```

如果你每天都在和 Google 家族的服務打交道，像是透過 Gmail 寄信、用 Google Sheets 整理表格、或定期在 Google Forms 收集問卷，那麼 Google Apps Script（以下簡稱 GAS）可以說是你個人自動化的「御用秘書」。它有以下幾個顯著特色：

◆ 自帶 Google 生態系權限

GAS 天生就跟 Google Apps 是一家人，彼此高度相容，所以你只要進入 Google 雲端硬碟 (Drive) 或任何一個支援 Apps Script 的服務，就能快速打開它的腳本編輯器。你再也不用煩惱怎樣安裝 SDK、設定環境變數、或做額外的權限管理。就算你是完全的新手，只要擁有 Google 帳號，就能立刻開始寫程式。

◆ 基於 JavaScript，語法容易上手

GAS 的底層語法跟 JavaScript 幾乎如出一轍，如果你曾經稍微接觸過網頁開發或前端語言，那麼進入 GAS 幾乎沒有什麼適應期。若你對 JavaScript 還很陌生，也不用緊張，本書會有基礎範例，再加上 AI 幫你生成或解說程式碼，通常你很快就能掌握常見的語法與套路。

◆ 免除部署流程，直接線上執行

與傳統的程式語言相比，GAS 不需要你在本地電腦安裝任何執行環境或伺服器。所有程式都在 Google 的雲端環境中跑，只要一台可以上網的電腦（或平板、甚至手機），就能隨時隨地進行編輯與測試。更新程式的時候，也不需要搬移檔案或上傳到主機，直接儲存就能看到即時效果。（如果是 Web App，需要重新部署版本，但整體過程依舊輕鬆簡單。）

◆ 多種觸發器，打造自動流程

GAS 提供「時間驅動」、「表單提交」、「試算表修改」等各式各樣的觸發器，可以讓你的程式自動在特定時候或事件發生時執行。比方說，你可以設定每天早上 8 點寄出前一天的銷售報表給主管，或在收到新的表單回覆時，自動寫一封感謝信給填寫者。這些功能能幫你節省大量的瑣碎作業時間。

3.3.1 建議應用範疇

- 整理或彙整 Google Sheets 資料
- 定期寄送 Gmail 報表或通知信
- 自動產生 Google Docs 模板（例如合約或邀請函）
- 與其他 Google 服務整合（Drive, Calendar, Forms）

3.3.2 何時該選擇 GAS？

- 你的工作或團隊主要仰賴 Google 生態系、文件與服務。
- 你想要盡可能簡化部署與安裝程序，透過雲端編輯器做開發。
- 你需要快速開發一個小工具或後端服務，但又不想花時間研究太多繁雜的架構。

3-4 通用性強、學習資源多的 Python

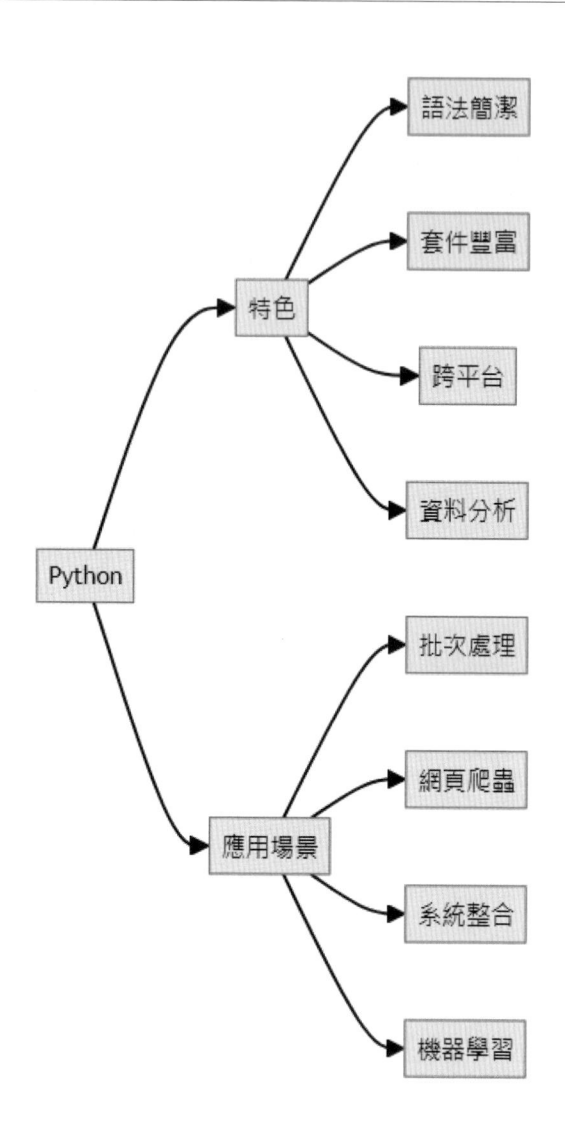

```
Python ─┬─► 特色 ─┬─► 語法簡潔
        │        ├─► 套件豐富
        │        ├─► 跨平台
        │        └─► 資料分析
        │
        └─► 應用場景 ─┬─► 批次處理
                    ├─► 網頁爬蟲
                    ├─► 系統整合
                    └─► 機器學習
```

如果說 GAS 是「Google 生態系的小幫手」，那 Python 大概就是程式界「萬用瑞士刀」級別的存在。你經常聽到它被應用於各種領域，像是資料科學、機器學習、網頁爬蟲、後端開發、遊戲開發⋯⋯ 可謂無所不包。下面幾個點，能讓你快速了解為何 Python 也相當適合做自動化：

3.4.1 語法簡潔，易讀性高

Python 以「可讀性」聞名，使用者會發現它的程式碼排版幾乎就像在寫一篇結構清楚的小文章。對初學者而言，沒有過多的分號、大括號等符號干擾，相對輕鬆入門。加上網路上有非常多的教學資源和範例，所以想學什麼就能馬上查到現成教學或程式碼。

3.4.2 強大的第三方套件生態

Python 有一個龐大的套件庫「PyPI」，你能在裡面找到任何自動化、資料處理、網頁爬蟲相關的工具。舉例來說，如果你想自動下載報表並轉成 CSV，就能找到各種現成函式庫來幫你處理；想做網頁爬蟲，就有 requests 與 BeautifulSoup；要讀寫 Excel 檔，就有 openpyxl 或 xlrd，幾乎一應俱全。

3.4.3 適用多種平台，彈性大

無論是 Windows、macOS、Linux 或是雲端平台 (像 Google Colab、Kaggle Notebook)，Python 幾乎都能輕鬆安裝與運行。對於需要在不同系統上共享程式碼的團隊來說，Python 的跨平台特性非常方便，也為未來擴充提供了更大彈性。

3.4.4 與資料分析、機器學習無縫銜接

除了基本的自動化工作，如果你對資料分析、機器學習感興趣，Python 是業界主流語言。無論是以後想做更深度的數據分析，或接觸深度學習 (Deep Learning)，Python 都是最直接的入門選擇。自動化任務若需要進行更複雜的數據處理，Python 也能提供相對豐富的工具鏈。

3.4.5 建議應用範疇

- 批次處理檔案、資料清理與匯整
- 網頁爬蟲、API 串接
- 自動化測試、系統整合
- 後續進階：資料科學、機器學習、深度學習

3.4.6 何時該選擇 Python？

- 你想要一個通用性高、資源豐富的語言。
- 你需要做比較複雜的資料處理或爬蟲任務。
- 你預計未來可能會深入資料分析或 AI 領域。
- 你的工作團隊在跨平台開發、系統整合上有相當需求。

3-5 深度整合 Microsoft Office 的 VBA

```
                    ┌─ Office 原生整合
                    │
                    ├─ 封閉環境適用
         ┌─ 特色 ───┤
         │          ├─ 執行效率高
         │          │
         │          └─ 功能穩定
  VBA ───┤
         │          ┌─ Excel 處理
         │          │
         │          ├─ Outlook 自動化
         └─ 應用場景┤
                    ├─ Word 文件產生
                    │
                    └─ 內網環境自動化
```

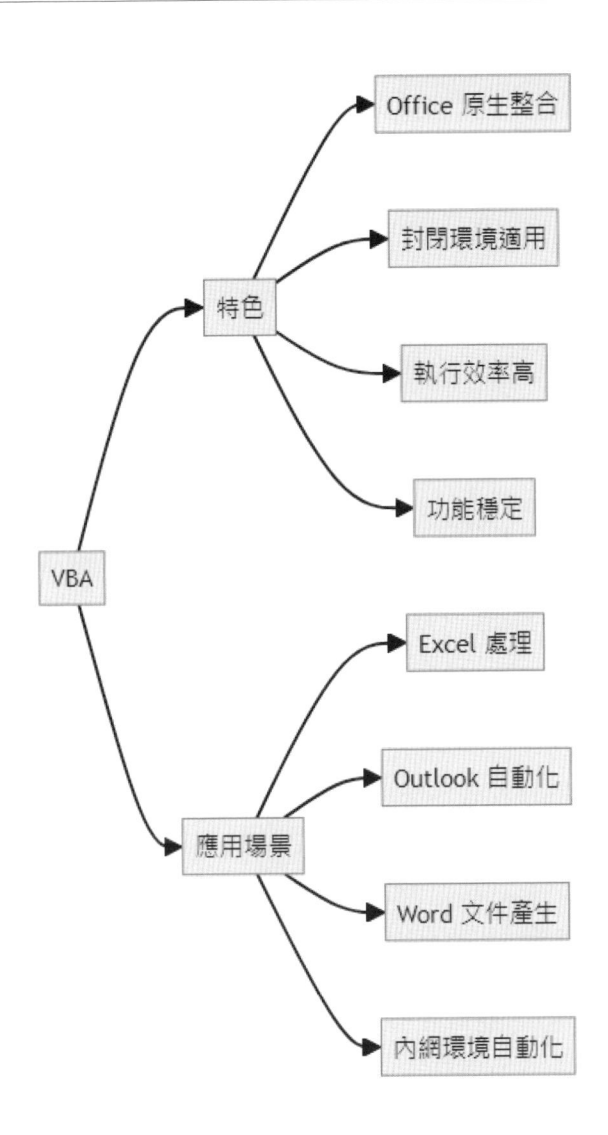

如果你的工作環境主要圍繞在 Microsoft Office 上，尤其是 Excel、Outlook、Word 等等，那麼 VBA（Visual Basic for Applications）依舊是無可取代的老牌高手。儘管它的語法較老、連程式編輯器也有些古早味，但在企業級辦公室自動化領域，VBA 依舊擁有無比堅實的地位。

3.5.1 Office 套件的原生整合

VBA 是為 Office 套件量身打造的腳本語言，無需額外設定就能直接讀取、操作、甚至生成 Excel、Word、PowerPoint、Outlook 的內容。錄製巨集（Macro）也是 VBA 的一大特色，讓你一邊操作 Excel，一邊自動生成程式碼。這樣的深度整合，使它在處理辦公室文件時方便無比。

3.5.2 適合在封閉式或傳統企業環境

很多公司內網不開放安裝其它程式語言，或把本機執行檔的安裝權限鎖死，結果就算你想用 Python，也沒辦法輕鬆執行。但通常 Office 都已經是標配，有時候在這種情況下，VBA 就成了能於內網環境下運作的唯一選擇。只要有 Excel，就能立即寫程式與執行自動化巨集。

3.5.3 執行效率高，功能穩定

雖然 VBA 有時候看起來比較「老舊」，但在讀寫 Office 文件、與其他 Windows 元件互動時，效率其實相當不錯，並且對於純文字、表格處理類的工作也非常穩定。加上企業級用戶過去累積了大量 VBA 範例與資源，只要知道如何複製貼上及稍作修改，很多工作流程就能快速自動化。

3.5.4 編輯器和語法相對傳統

需要注意的是，VBA 的編輯器與寫法可能沒有現代語言那麼精煉；像是變數要先宣告、使用輸入法時有些小 BUG……這都可能是新手或習慣其他語言的人會感到不便的地方。好消息是，你依然可以把這些小狀況問 AI，讓它幫你找解決方案。只要願意花點時間習慣它的風格，VBA 還是相當可靠的辦公室自動化利器。

3.5.5 建議應用範疇

- 處理 Excel 表格：批次運算、彙整、格式化
- Outlook 郵件自動化：例如依特定條件寄信、篩選信件
- Word 文件產生：把 Excel 資料自動填入 Word 範本
- 老舊系統或嚴格內網環境中的辦公室自動化

3.5.6 何時該選擇 VBA？

- 你的公司或團隊嚴重依賴 Excel、Word、Outlook 等 Office 套件。
- 你身處的環境安裝其他程式語言受限、需要本機即可執行的解法。
- 你想快速錄製巨集並稍加修改，就能實現多數辦公室流程自動化。
- 你不在意語法看起來比較老派，或願意適應傳統的程式開發介面。

3-6　如何依照需求挑選最適合的語言

認識完 Google Apps Script、Python、VBA 這三大常見的程式語言後,你可能會有個疑問:「到底要怎麼選出最適合我的?」事實上,並沒有「放諸四海皆準」的答案,一切都取決於你的工作環境、需求、個人偏好,以及未來想發展的方向。以下幾個建議方向,可以幫助你在思考時更有脈絡:

3.6.1　工作環境與工具生態

◆ 如果你主要使用 Google Sheets、Gmail、Google Forms 等 Google 生態系

選擇 Google Apps Script 能省去許多跨平台或 API 認證的麻煩,也能大幅降低部署與設定的複雜度。只要擁有 Google 帳號和一台能上網的裝置,隨時可以編輯、測試、部署程式。

◆ 如果你身處 Microsoft Office 為核心的企業環境

VBA 便是辦公室自動化的得力幫手,尤其是 Excel、Outlook、Word 等互動性高的應用。就算你只會錄製巨集或稍微修改程式碼,也能做出不少成果,且在封閉式公司網路中更容易被允許。

◆ 如果你需要在多種平台間整合,或未來打算進軍資料分析領域

Python 的強大生態與跨平台特性,能讓你一次兼顧自動化、爬蟲、機器學習等多種需求。

3.6.2 開發成本與維護便利性

◆ Google Apps Script

優點：介面直觀，免安裝環境。部署時不需要額外伺服器或權限，特別適合個人或小團隊快速開發。

可能的限制：若你的需求超出 Google 生態系，如系統核心與資料庫深度整合，可能就需要自行進行 API 串接或考慮其他語言。

◆ Python

優點：語法簡潔、學習資源多、套件豐富。從初學到進階都能找到海量教學與範例，維護與擴充都十分方便。

可能的限制：需要在本機（或伺服器）安裝 Python 執行環境，對封閉網路或嚴格控管環境可能要多花時間溝通與設定。

◆ VBA

優點：對 Office 應用整合度高，企業內往往已有許多現成範例。對於熟悉 Excel 等工具的人來說，從錄製巨集進入 VBA 門檻相對低。

可能的限制：語法與編輯器較老舊，跨平台能力有限。在需大量網路連線或雲端作業的場合，不如 GAS 或 Python 方便。

3.6.3 需求複雜度與可擴充性

◆ 單純做簡易報表自動化或檔案整理

三種語言都可以勝任。尤其在 Google 或 Office 環境中，GAS 和 VBA 都非常符合「就地取材」的需求。

◆ 需要跨系統整合或與外部 API 大量互動

Python 有大量的第三方模組可供選擇，更擅長複雜的串接和高彈性應用。此外，若未來想加入資料分析或 AI 模組，也能無縫銜接。

◆ 公司要求較嚴格的版本控管、多人協作

三種語言都能與 Git 等版本控管工具整合，但在實務上，Python 的專案結構較容易因應協作需求；GAS 也能透過 Google 的版本管理和多人編輯功能應付小團隊合作；VBA 則需要先規劃好如何同步 Excel 或 Word 檔案，稍微複雜一些。

3.6.4 個人發展與學習曲線

◆ 想要在雲端環境下快速見到成果

GAS 幾乎是最直覺的選擇，只要有 Google 帳號就能開始操作，邊做邊學。

◆ 想要更全面的程式基礎，甚至未來深耕 AI 或資料科學

Python 的通用性和巨大生態系非常有利於打好程式與數據基礎。

◆ 主要聚焦在企業辦公室流程優化

VBA 能大幅節省 Excel、Word、Outlook 等內部流程的時間，而且常見於許多企業的現有系統。

3-7 我該選哪個語言？試試這個判斷流程圖

如果你真的不知道某個想做的功能該用哪個語言來實現，除了問 AI，你也可以利用這個簡易判斷法：

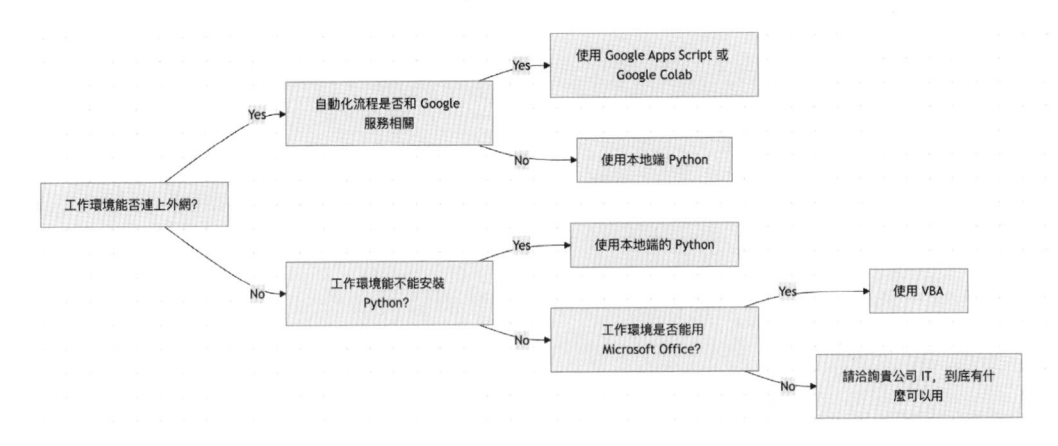

▲ 判斷流程圖

附帶一提，本書的流程圖大都是用 mermaid 語法所繪製。

如果你沒聽過 mermaid，非常建議去試試看。你可以這樣問 AI：「請問 mermaid 是什麼？有什麼常見的應用案例？」

因為在學習程式自動化的過程中，你可以請 AI 幫你把程式流程邏輯畫出來。他不擅長直接畫圖，但是非常擅長寫出流程圖的語法。所以你如果想要看流程圖，就這樣跟 AI 說：「請幫我把這個程式流程用 mermaid 的流程圖語法寫出來。」

這張流程圖只是一個初步的參考判斷，幫助你在眾多工具中快速找到可能適合你工作環境的方向。

但現實中，每個人的狀況都不太一樣。你所在的公司可能有限制不能上網、不能安裝軟體，或者只能用某些特定系統。再加上你想自動化的內容也會影響適合的工具，所以還是要根據實際情況來選擇最合適的解法。

如果照著流程走到最後，還是不確定該用什麼工具，那試試看跟 AI 討論吧！他會給你更細緻、更個人化的建議的。

或是你也可以先不下決定，先跟著書中幾個範例跑一遍，親身感受這三種語言在開發與執行上的差別。實作一兩次後，你會對自己適合哪個語言，有更直覺的判斷。有時候同樣的功能，有的人覺得 Python 比較順手，有的人覺得 Google Apps Script 更加好用，這沒有絕對的答案。這需要你親手試試看。

總結來說，「選哪個語言？」並不是一道要一次答對的考題，而是取決於需求、生態環境、也取決於你未來想發展的路線。沒必要非此即彼，可以後續慢慢學習或搭配多種語言達到最好的自動化效果。接下來你將進入更深入的章節，分別了解三種語言的實際運作方式，並參考我們提供的教學與範例，進行自動化應用的第一步。

當你開始動手做、漸漸熟悉每種語言的特性，就能更輕鬆地做出最符合自身需要的選擇。

第4章

Google Apps Script 入門

4-1 Google Apps Script 基本介面

在本章，我們將進一步探討 Google Apps Script（以下簡稱 GAS）的介面與基本操作方式。對於熟悉 Google 生態系的使用者來說，GAS 是一項相當直覺又便利的工具；即使你是第一次接觸程式，也能透過圖形化的介面與範例程式碼，快速瞭解自動化工作流程的運作方式。

4.1.1 進入 Google Apps Script 的方法

有幾種方式可以開啟並使用 GAS，其中最常見的包括以下兩種方法：

◆ 方法一：直接從雲端硬碟（Google Drive）建立專案

- 打開 Google Drive，點選「新增」按鈕。
- 選擇「更多（More）」→「Google Apps Script」。
- 就可以在新的頁籤中開啟 GAS 編輯器，並開始撰寫程式碼。
- 這種方式適合需要建立獨立的 GAS 專案，或希望集中管理程式檔案的情況。

點選「新增」按鈕：

4-1　Google Apps Script 基本介面　｜　4-3

▲ 點選「新增」按鈕

找到「Google Apps Script」點下去：

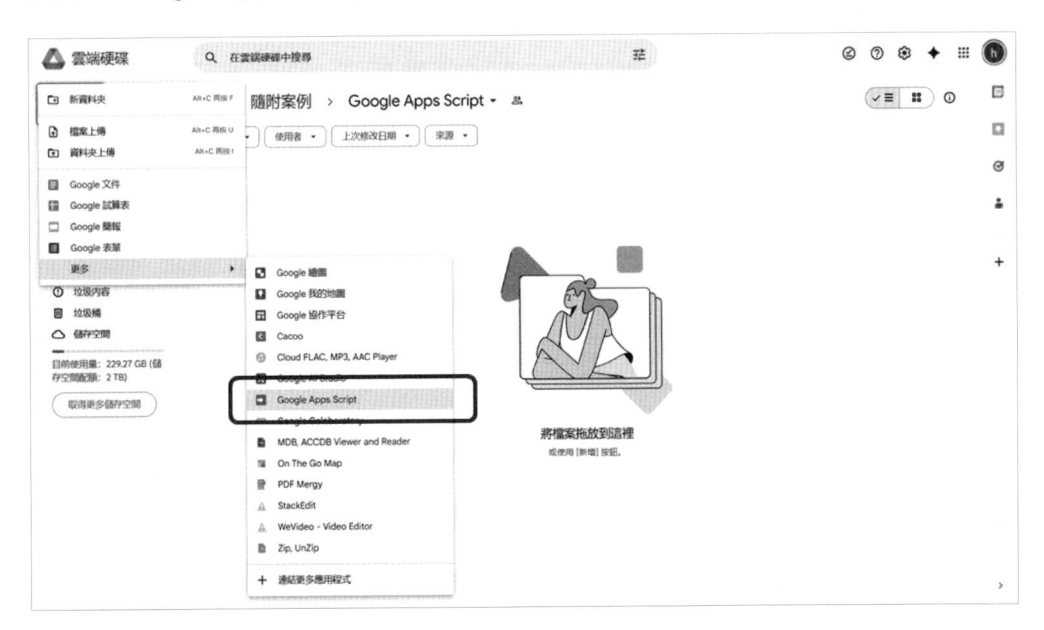

▲ 點擊 Google Apps Script

成功進入 Google Apps Script 編輯器介面：

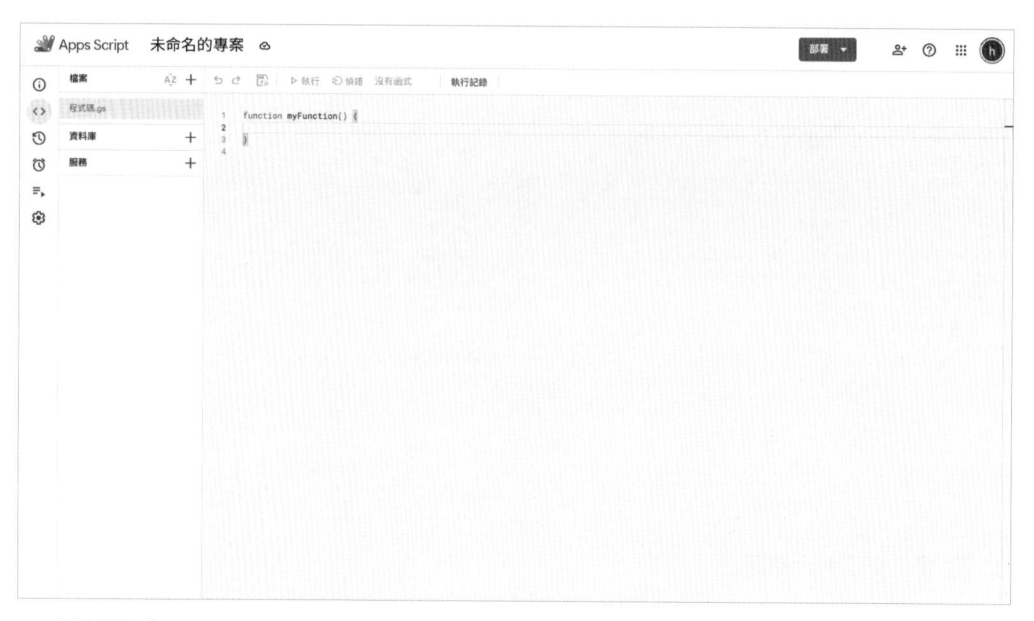

▲ 編輯器介面

◆ 方法二：從 Google Sheets/Docs 建立專案

- 開啟 Google Sheets 或 Google Docs 檔案。
- 在功能表列中點選「擴充功能」（Extensions），再選擇「Apps Script」。

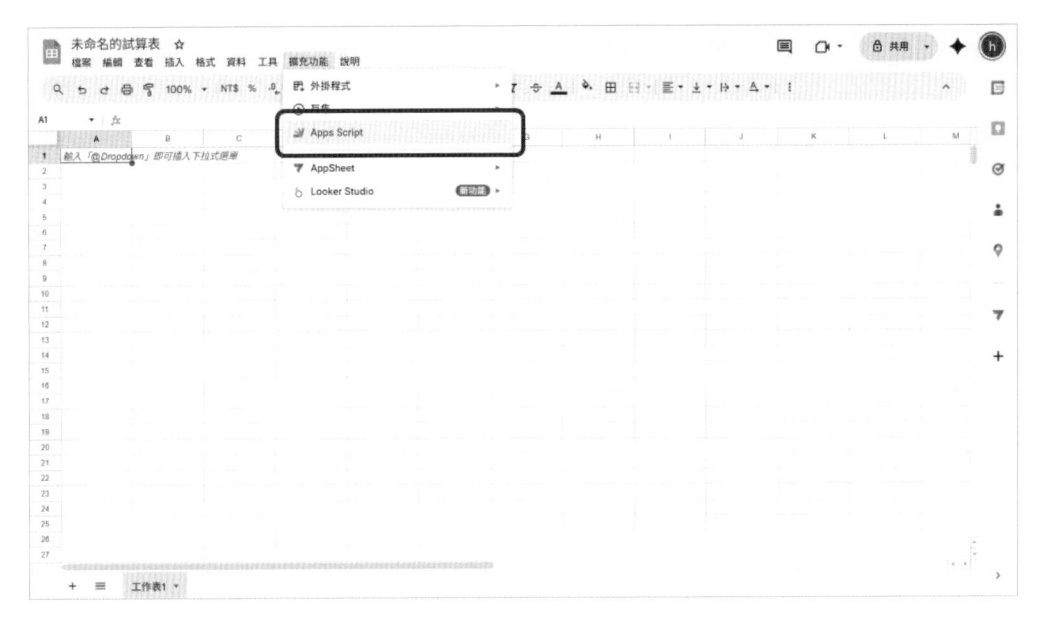

▲ Apps Script

如果使用方法二，程式編輯器將與該份文件綁定，方便你直接對此文件做自動化操作，如插入資料或寄送 email，適合用在需要針對某個特定文件進行自動化應用的情況。

不過不論採用哪種方式，你都會進入同樣的 GAS 編輯環境，只是程式與所綁定的文件是否在同一個專案底下的差別而已。

4.1.2　Google Apps Script 編輯器總覽

GAS 編輯器的介面主要包含下列區塊：

◆ 檔案清單（左側欄位）

▲ 檔案清單

這裡會列出你專案中的所有檔案，例如 `.gs` 檔（程式檔案）或 `.html` 檔（前端視圖檔案）。

你可以在此新增或刪除檔案，也能建立資料夾方便管理。

◆ 程式碼編輯區（中間主要區域）

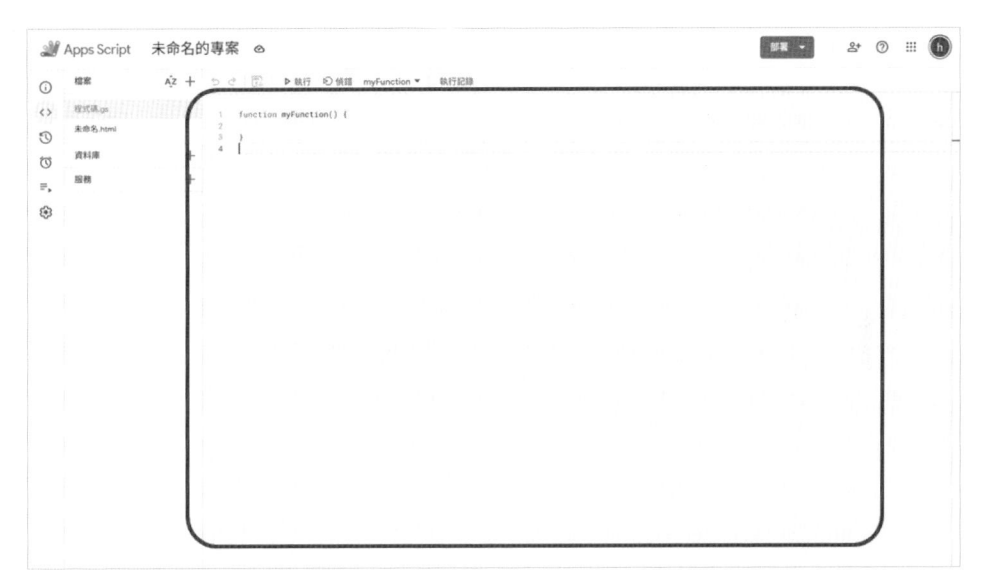

▲ 程式碼編輯區

程式碼編輯區顯示並編輯目前選擇的檔案內容。你可以在這裡撰寫 JavaScript 語法的程式碼，並透過內建自動完成功能，輕鬆找到各種函式。

◆ 工具列（頂部）

▲ 工具列

工具列主要功能包含執行（Run）、偵錯（Debug）、指定要執行的 function、執行記錄等等。

◆ 日誌與除錯區（底部）

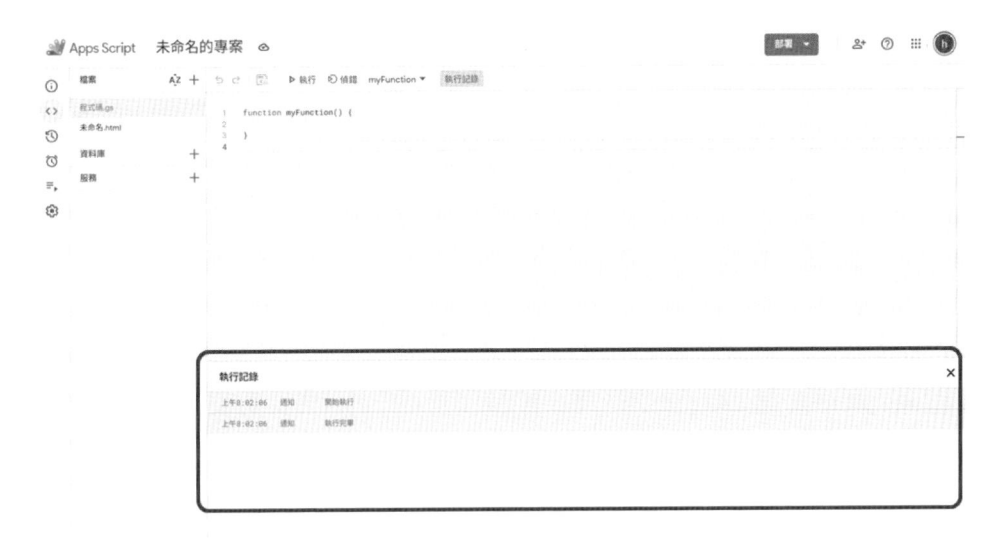

▲ 日誌與除錯區

在執行程式後，若有輸出或錯誤訊息會顯示在這裡。

對於追蹤執行狀況以及除錯相當有幫助。

4.1.3 撰寫與執行第一個程式

◆ Hello World 範例

剛開始學習程式時，我們常用「Hello World」作為第一個練習。以下示範如何在 Google Sheets 中插入一段文字，並透過日誌顯示簡單訊息。

因為我們這邊是要操作一個 Google Sheets，所以請從 Google Sheets 的「擴充功能」去建立你的 Google Apps Script，否則程式會不知道你要對哪個 Sheet 做動作。

進到 Apps Script 編輯器後，請貼上以下程式碼：

```javascript
function helloWorld() {
  // 1. 取得目前使用中的試算表
  var spreadsheet = SpreadsheetApp.getActiveSpreadsheet();
  // 2. 取得第一個工作表
  var sheet = spreadsheet.getSheets()[0];
  // 3. 在指定儲存格 A1 插入文字
  sheet.getRange("A1").setValue("Hello, World!");

  // 4. 在日誌輸出一段訊息
  console.log("Hello, World! 已插入到儲存格 A1");
}
```

▲ 程式碼範例

貼上後，應如下圖：

▲ 程式碼截圖

接著執行程式

先點選儲存，再點選工具列上的「執行」（Run）按鈕。

首次執行時，GAS 會要求授權，請按下「審查權限」「繼續」。

▲ 審查權限

如果出現安全性提醒「這個應用程式未經 Google 驗證」，請點選「進階」→「前往 xxx 專案 (不安全)」，授權完成即可。

▲ 授權

如果覺得對於這個安全性的說明有疑慮，可先參見本書後面單元：「蛤？這個應用程式未經 Google 驗證？」

執行後，在 Apps Script 編輯器底部的日誌區，能看到「Hello, World! 已插入到儲存格 A1」的文字：

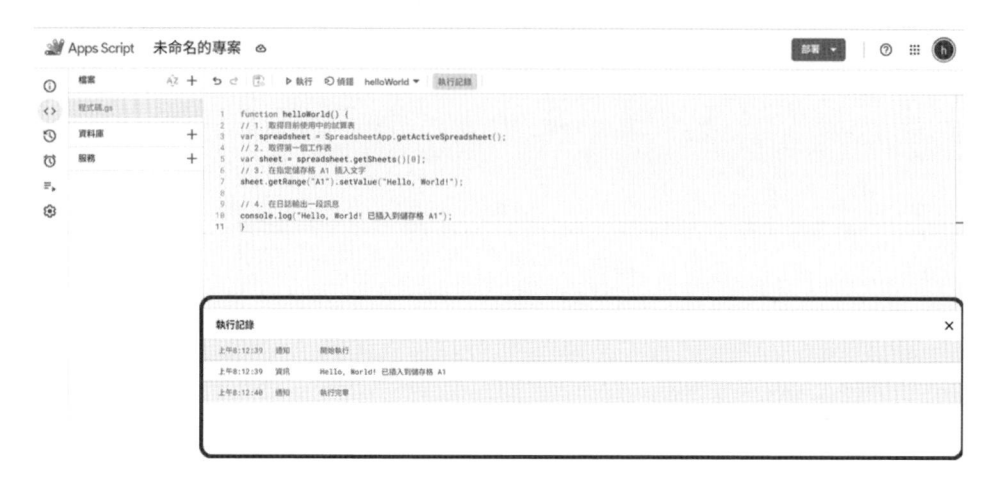

▲ 日誌區能看到執行結果的文字

切換回 Google Sheets，應該可以在 A1 儲存格看到「Hello, World!」：

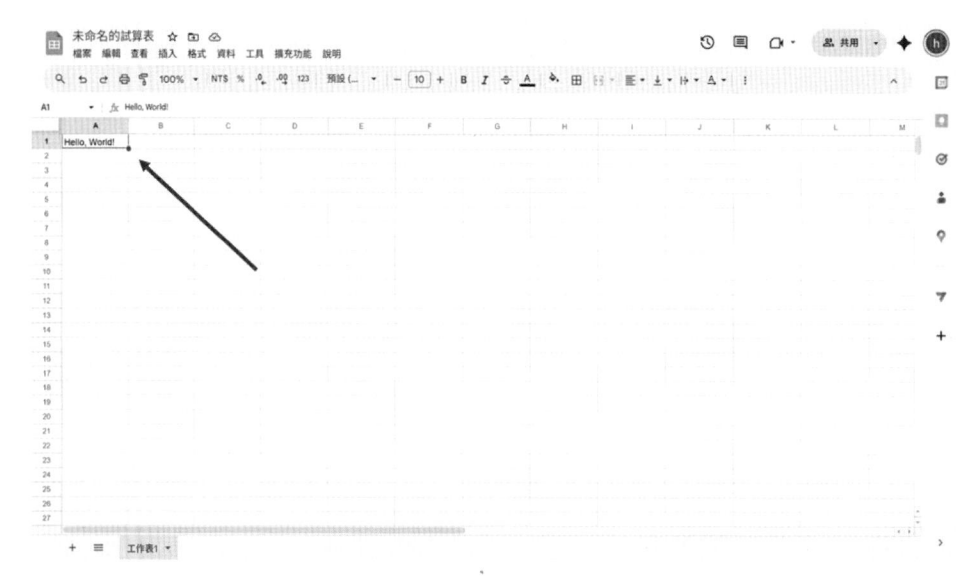

▲ 執行成果

4.1.4 錯誤訊息與除錯方式

程式執行後若發生錯誤，你會在底部的「執行記錄（Execution log）」或「日誌（Logs）」中看到錯誤訊息。常見的錯誤包含：

◆ TypeError：

呼叫了不存在的函式或物件屬性。

◆ ReferenceError：

使用了未宣告的變數或函式。

◆ 權限錯誤：

沒有開啟檔案的許可權或操作權限不足。

出現錯誤時，可以採用以下方式除錯：

◆ 檢查程式碼拼字與大小寫：

GAS 與其他程式語言一樣，對大小寫相當敏感。

◆ 使用記錄函式：

例如 `console.log()`、`Logger.log()` 等，將變數或關鍵資料列印出來，確認資料流是否正確。

◆ 小範圍測試：

將程式碼拆分成小段落或單一函式測試，縮小錯誤範圍。

4.1.5 小結

在本章，你已經瞭解了：

◆ **如何進入 GAS 編輯器：**

從 Google Drive 或 Google Sheets/Docs 皆可。

◆ **編輯器的基本介面：**

包含檔案清單、程式碼區、工具列與日誌 / 除錯區。

◆ **撰寫並執行第一個簡單程式：**

以「Hello, World!」為例，示範在 Spreadsheet 插入文字並在日誌打印訊息。

◆ **處理錯誤與除錯：**

認識常見錯誤種類與偵錯方法。

在後面的章節，我們還會分別介紹 Python 與 VBA 的基礎操作，讓你快速對比三種語言在自動化需求上的差異與便利性。千萬別忘了，若對 GAS 的某些功能尚未完全理解，隨時可以回到官方文件或利用 AI 做進一步查詢。只要持續練習，就能在真正的工作與生活場景中熟練運用 Google Apps Script。

4-2 Google Apps Script 的觸發器 (Trigger)

4.2.1 什麼是觸發器

「觸發器」可以讓你的程式在符合特定條件時自動執行，而不需要人為按下執行按鈕。

觸發器可先粗分為兩大類：

◆ 簡單觸發器（Simple Trigger）

這種不需要任何設定，只要你在程式裡寫了 function onEdit() 或 function onOpen()，它就會自動生效。但是「簡單觸發器」有非常多的限制，它執行時是用「匿名帳號」權限，不能叫出像 GmailApp.sendEmail() 這類需要授權的功能。

新手常常會在 onEdit() 裡面去觸發 email，然後發現：「怎麼沒反應？」這時候你要做的，其實是改用「安裝式觸發器」。

◆ 安裝式觸發器（Installable Trigger）

這種需要你在編輯器中手動設定（或用程式碼安裝），像是 ScriptApp.newTrigger(…).timeBased().create();。它支援的功能比簡單觸發器多，例如可以使用 Gmail、Drive API，或是搭配權限更高的帳號。

以下的說明都將預設以安裝式觸發器為主。

4.2.2 各種觸發情境

◆ **時間驅動觸發器（Time-driven trigger）：**

例如每天早上 8 點自動寄送報表。

◆ **表單提交觸發器（Form submit trigger）：**

例如每當有人提交 Google 表單，就自動寫入試算表或寄信通知。

◆ **檔案編輯觸發器（OnEdit trigger）：**

例如在使用者編輯 Google Sheets 的特定範圍後，觸發程式執行某些動作。

4.2.3 設定觸發器的步驟

進入觸發器設定頁面

在程式碼編輯器中，點選左側的「觸發條件」圖示：

▲ 點擊左側選單中的時鐘圖示，進入觸發條件設定頁面

進入後，你會看到「新增觸發器」的按鈕：

▲ 觸發條件頁面中右下角的藍色「新增觸發器」按鈕

新增觸發器：

▲ 新增觸發器的設定視窗，可選擇執行的函式、事件來源和類型等

選擇要觸發的函式、事件類型（例如 OnEdit 或時間驅動），並決定觸發時段或條件。

點選「儲存」後，如果是第一次使用觸發器，可能會需要授權。

◆ 測試觸發器

若設定的是「OnEdit」，可直接在 Spreadsheet 上做測試。

若是「時間驅動」，請等到指定時間或手動變更時間設定測試。

在「執行記錄」或「記錄檔」中查看觸發結果與任何潛在的錯誤訊息。

4.2.4 範例：每日自動寄送郵件

下面是一段範例程式，展示如何透過時間觸發器每天寄送一封問候郵件給自己：

```
1  function sendDailyGreeting() {
2    // 設定收件者
3    var recipient = "example@gmail.com";
4    // 設定郵件標題
5    var subject = "每日問候";
6    // 設定郵件內容
7    var body = "早安！這是一封透過 Google Apps Script 自動寄送的測試信件。";
8
9    // 呼叫 MailApp 物件寄信
10   MailApp.sendEmail(recipient, subject, body);
11   console.log("已成功寄出每日問候信給 " + recipient);
12 }
```

▲ 程式碼範例

將程式貼上並儲存：

```
function sendDailyGreeting() {
  // 設定收件者
  var recipient = "example@gmail.com";
  // 設定郵件標題
  var subject = "每日問候";
  // 設定郵件內容
  var body = "早安！這是一封透過 Google Apps Script 自動寄送的測試信件。";
  // 呼叫 MailApp 物件寄信
  MailApp.sendEmail(recipient, subject, body);
  console.log("已成功寄出每日問候信給 " + recipient);
}
```

▲ 程式碼編輯器中顯示 sendDailyGreeting 函式的程式碼

如果你的程式碼有其它的函式，記得在「觸發器」中選擇 sendDailyGreeting() 為指定函式：

▲ 觸發器設定視窗中選擇 sendDailyGreeting 函式作為要執行的函式

事件類型選擇「時間驅動」，設定每天上午 8 點到 9 點這個時段觸發。

儲存並授權後，系統就會每天自動執行此函式，完成寄信動作。

4.2.5 使用觸發器時的注意事項

不過有幾件事你得知道：

◆ 時間觸發器不保證準時

Google 系統會盡量接近你指定的時間執行，但可能有誤差幾分鐘。畢竟他某方面來說是一種免費的共享資源，機器的頻寬算力有限，當大家都同時想要執行的時候，就需要稍微排隊一下。

曾經有學員說想要自動連續抓取股票期貨的動態數字，執行時間不能誤差超過一分鐘。像這種情境案例，Google Apps Script 便不適合。不過可以考慮使用 Python 來實現它。

◆ 觸發器錯誤不會跳出來提醒你

平常你按「執行」來跑程式時，如果有錯誤，會馬上看到紅字錯誤訊息。但當你的程式是用觸發器跑的，錯誤訊息會「靜悄悄」地躺在執行記錄裡，除非你特地去看，否則根本不知道出了什麼事。

解法建議：

可以在程式裡加上 `try...catch` 抓錯誤，並用 `Logger.log()` 或 `MailApp.sendEmail()` 通知你。也可以打開 Apps Script 編輯器右上角的「時鐘」圖示（觸發器管理畫面），手動查看最近的錯誤記錄。

◆ 要注意「觸發者是誰」

很多人會把 Google 表單的送出事件，接到 onFormSubmit 的觸發器上。這個方法很好，但有個細節是：觸發事件的不是你，是填表的人。這代表，程式裡如果用到像 Session.getActiveUser().getEmail()，你拿到的會是填表者的資訊，而不是你自己。如果你之後要根據這個帳號做權限判斷或資料過濾，請一定要測試清楚。

4.2.6 小結：寫觸發器，像是在寫「會自己動的程式」

當你的程式不需要你「手動按下去」就會自動執行，它就像養了一隻小機器人。

但這隻機器人如果壞掉了，你可能好幾天都不會發現它沒上工。

所以要記得三件事：

1. 確認觸發器類型，用對 API 和權限。
2. 安排監控或錯誤通知機制。
3. 每隔一段時間檢查它還在正常運作。

這樣，你的自動化程式才真的能「自己跑，跑得穩，跑得久」。

4-3 Google Apps Script 基本語法

對於一位剛開始接觸程式的新手，尤其是想要靠 GenAI 來幫忙寫程式、但又希望自己能稍微看得懂程式碼、不會完全霧煞煞的人來說，以下這些 Google Apps Script（GAS）的基本語法，非常值得學會！

我會用簡單易懂的方式來介紹每一個語法的概念，讓你不需要寫，也能「看得懂」、「改得動」、「不怕錯」。

4.3.1 function：每一段程式的開始

```
1  function myFunction() {
2  // 這裡面就是你要執行的自動化步驟
3  }
```

▲ 程式碼範例

這是程式的開頭，代表「我要寫一段任務了」。

function 是「函式」的意思，後面接的名字 myFunction 可以改成有意義的字（例如 sendEmail）。

{} 是「這段任務的內容」，所有動作都要寫在這裡面。

想像成在寫「一段料理步驟」，function 就是食譜的標題，裡面是料理過程。

4.3.2 Logger.log()：讓你看到程式到底做了什麼

```
1  Logger.log("Hello World");
```

▲ 程式碼範例

這行會在「記錄器」裡印出訊息,幫助你除錯(debug)。

"Hello World" 是字串,你也可以放變數或計算結果。

新手最怕「看不出錯在哪」,Logger.log() 是你的放大鏡!

4.3.3 var / let / const:儲存資訊的關鍵字

```
1  let name = "小明";
2  const PI = 3.14;
3  var age = 18;
```

▲ 程式碼範例

這三個都是在「宣告變數」,簡單說就是幫一個資料取名字。差異在於:

- let:可以改內容(常用)
- const:不能改內容(用來定義常數)
- var:比較舊,初學者建議少用

宣告變數可以想像成「裝箱子」,例如我把「小明」這個資料,裝進寫著 name 的這個箱子。

4.3.4 if 條件判斷

```
1  if (score >= 60) {
2  Logger.log("及格!");
3  } else {
4  Logger.log("不及格!");
5  }
```

▲ 程式碼範例

if 是「如果…就…」的邏輯。

括號裡是條件，符合就執行 {} 裡的動作。

可以搭配 else（否則）來寫備案。

想像成一個機器人拿著分數，看是大於還是小於 60，走不同的路線。

4.3.5 for 迴圈：重複做某件事

```
1  for (let i = 0; i < 3; i++) {
2    Logger.log("第 " + i + " 次");
3  }
```

▲ 程式碼範例

這段會重複執行三次，i 是次數計數器。

很適合拿來一筆筆處理資料，例如 Excel 表單中的每一列。

想像你在看名單，一行一行往下掃，每次做一樣的事情。

4.3.6 操作試算表的基本語法

```
1  let sheet = SpreadsheetApp.getActiveSpreadsheet().getSheetByName("表單1");
2  let data = sheet.getRange("A1:B10").getValues();
```

▲ 程式碼範例

SpreadsheetApp 是 Google 試算表的入口。

.getSheetByName() 是選擇某個分頁。

.getRange() 是選範圍，.getValues() 是抓資料。

這些是你在 GAS 裡最常見到的句子，不需要懂太多，只要知道這是在抓試算表的資料就夠。

4.3.7 寫註解：讓自己（或別人）看得懂

```
1    // 這是用來寄信的程式
```
▲ 程式碼範例

兩個斜線 // 代表這行是註解，程式不會執行它。

註解用來說明你在做什麼，非常重要！

想像程式碼是食譜，註解就是旁邊的說明文字：「這是放醬油的步驟」。

4.3.8 總結：學會這幾個就很夠用！

概念	用途
function	程式開頭
Logger.log()	印出資訊、除錯用
let / const	儲存資料
if	條件判斷
for	重複執行
試算表語法	讀取或修改 Google Sheets 資料
// 註解	幫自己標註用途

下一步，你可以透過 ChatGPT 說：

> 幫我寫一段 function，可以讀取我「sheet1」的資料，然後把每一列都印出來。

然後照著 GenAI 給你的程式碼，搭配這篇解釋去一段段看懂、嘗試修改，你就已經在寫程式的路上啦！

4-4 Google Apps Script 的執行限制

Google Apps Script 可以幫我們自動化超多種事情，從處理表單、整理信件，到發送通知、製作報表，幾乎樣樣來。

不過，就像任天堂 Switch 再好玩，也不能拿來打電話；GAS 再神奇，它還是有「邊界」的。

這一章，我們就來聊聊 GAS 的限制，讓你在設計自動化流程時，懂得避開地雷、提早規劃，寫出穩定又可靠的程式。

4.4.1 執行時間的限制（Execution Time Limit）

GAS 最大的限制之一，就是它不能一直跑。

你寫的程式最多只能跑 6 分鐘（如果是透過觸發器或網頁程式觸發的話，只有 30 秒）。

稍微具體一點來說：

使用帳號是免費帳號時，腳本一次執行最多 6 分鐘（ScriptApp 的限制）。

如果是用 doGet 或 doPost 寫成網頁的話，Google 為了防止拖垮伺服器，只給你 30 秒時間。

超過就會報錯：Exceeded maximum execution time。

解法：

- 拆成多段執行（用觸發器分段處理）。
- 或是將處理重的任務交給其他服務（例如 Apps Script 呼叫外部 API）。

4.4.2 每日配額限制

Google 不是吃到飽的。為了防止濫用，它對 Apps Script 設了「配額」。

例如：

功能	免費帳號每日上限	Google Workspace 帳號每日上限
發送 Email	100 封	1500 封
呼叫 Spreadsheet API	約 20,000 次	約 100,000 次
呼叫外部網址（UrlFetchApp）	20,000 次	100,000 次

（實際配額以官方說明為準，會依帳號類型、用途不同而調整）

小提醒：

當配額用完，你的程式就會停工，並出現像這樣的錯誤訊息：

Service invoked too many times for one day: email.

解法：

- 控制使用頻率與資料處理量（例如每次只處理 50 筆）。
- 把自動化時間拉開，用觸發器分散處理。
- 如果是商用情境，建議使用 Google Workspace 商務帳號，提高配額。

4.4.3 檔案與資料的大小限制

不是什麼都能往裡丟，空間會爆滿：

Google Sheets：

- 一個試算表最多 100 萬格資料。
- 每個工作表最多 18278 列（如果每列都有 26 欄）。
- 單次寫入太多資料（例如一次寫 10 萬列）可能會出錯或變慢。

Script 檔案：

- 每個專案的程式碼大小限制是 5MB。
- 單一 .gs 檔案不宜超過幾千行，太多會不好維護，也容易卡頓。

4.4.4 安全性與權限限制

每次你的 Apps Script 程式想要幫你做什麼事（例如讀信、發信、開 Google Sheet），Google 都會跳出「授權畫面」問你：你確定要讓這段程式控制你的帳號嗎？

這就是 OAuth 授權機制。

問題來了：

如果你要讓別人用你寫的 GAS 網頁，他們也得授權一次，否則會看到「App 未經 Google 驗證」的警告畫面。

如果你寫的是「安裝式觸發器」或網頁應用程式，還會遇到跨帳號存取失敗的問題（例如 A 想存取 B 的表單，卻沒權限）。

解法：

- 測試時自己先授權一次。
- 分享應用程式前，確認好「擁有者帳號」與「分享對象的權限」。
- 若要多使用者共用，考慮改用 Google Workspace 與 Domain-wide delegation。

4.4.5 缺乏除錯工具

GAS 雖然有 IDE（程式碼編輯器），但相比其他語言，它的除錯工具真的蠻陽春的。

例如：

- 只能單步執行（step through）+ Logger.log() 查看日誌。
- 沒有即時變數監看（像 VBA 或 VS Code 的「偵錯」功能）。
- 錯誤訊息有時模糊，很難知道哪一行出錯。

解法：

- 多寫 Logger.log() + 慣用錯誤捕捉（try-catch）來觀察變數與錯誤。
- 把長程式切成多個 function 分段測試。
- 熟悉 Google 的錯誤訊息關鍵字，幫助排錯。

4.4.6 小結：限制不等於阻礙，只要懂得繞路走

Google Apps Script 雖然有它的限制，但絕對不代表它不能做事，反而因為知道限制在哪，我們才能設計出更穩、更快的自動化流程。

學會找出「哪邊可以自動、哪邊要人工」、「哪邊需要分段處理、哪邊該轉外部服務」，這就是邁向進階的第一步。

就像一位懂得變魔術的魔法師，會先熟記每一項魔法的副作用，才不會一不小心召喚出火龍把房子燒掉。

關於最新最正確的可用額度，可參見官方文件：**Google 服務的配額**：

https://developers.google.com/apps-script/guides/services/quotas?hl=zh-tw

第 5 章

Python 入門

5-1 建立 Python 環境

Python 是目前全球最熱門的程式語言之一，不僅有豐富的函式庫與教學資源，更因語法直覺、社群活躍而深受新手與專業開發者喜愛。在自動化應用方面，Python 可以輕鬆整合各式各樣的 API 與工具，協助我們快速實現各種自動化專案。本章將帶領你從無到有，逐步認識 Python 的基本環境設置與程式撰寫方式。

5.1.1 Python 常見開發環境選擇

◆ VS Code（Visual Studio Code）

- 一款跨平台的輕量級程式編輯器，擁有豐富的擴充功能（Extensions），尤其是 Python 擴充模組，能在編輯器中進行偵錯、執行，以及單元測試等工作。

- 適用於大部分開發情境，可以同時支援前端、後端、資料分析等多種應用。

◆ Google Colab

- 由 Google 提供的免費線上開發環境，不需要本地端安裝 Python。

- 支援 GPU/TPU 加速，尤其方便進行機器學習、深度學習的初步測試。

- 可以直接在瀏覽器上撰寫並執行程式碼，免去複雜的環境設定。

你可以根據需求與電腦環境，選擇自己最順手的開發方式。本書範例會以 VS Code 與 Google Colab 為示範，但流程與指令在其他工具上相差不大。

5.1.2 安裝 Python 與基本設定

◆ 安裝官方 Python（Windows / macOS / Linux）

前往 Python 官網下載最新版安裝程式並安裝：

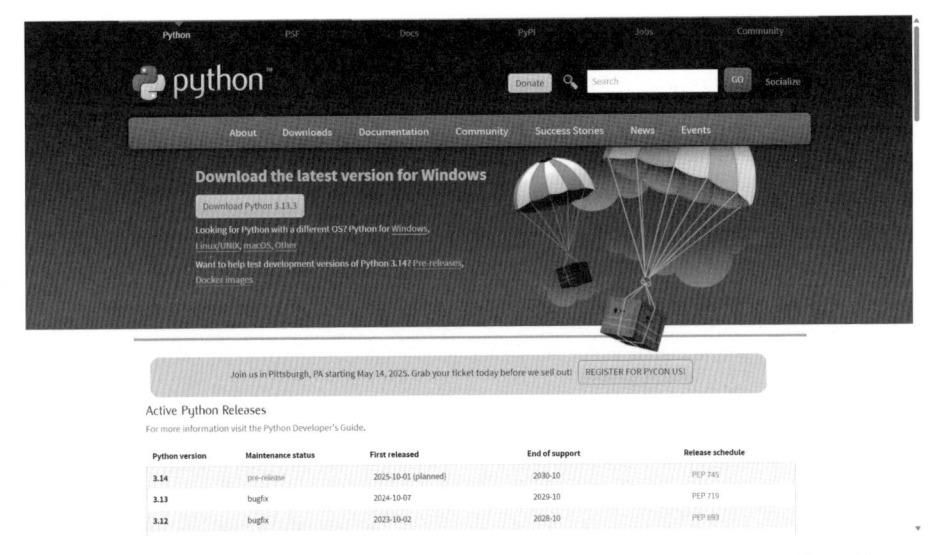

▲ Python 官網下載頁面，顯示 Windows、macOS 和 Linux 的下載選項

- Windows 使用者請留意安裝時勾選「Add Python to PATH」，否則需要手動設定環境變數。
- macOS / Linux 通常已內建 Python 2.x，可透過安裝管理器升級或安裝 Python 3。

◆ 安裝完成後的簡易測試

打開終端機

（Windows 可使用 CMD 或 PowerShell；macOS / Linux 使用 Terminal），輸入：

```
1  python --version
```

若能看到 Python 的版本號,表示安裝成功:

```
C:\WINDOWS\system32\cmd.

Microsoft Windows [版本 10.0.26100.4202]
(c) Microsoft Corporation. 著作權所有,並保留一切權利。

C:\Users\henry>python --version
Python 3.13.1

C:\Users\henry>
```

▲ 顯示 Python 的版本號

在終端機中輸入:

```
1  python
```

▲ 程式碼範例

進入互動式命令列模式後,試著輸入:

```
1  print("Hello Python!")
```

▲ 程式碼範例

按下 Enter 後,如果能如下圖正確顯示 Hello Python!,表示 Python 環境可以正常運作:

```
Microsoft Windows [版本 10.0.26100.4202]
(c) Microsoft Corporation. 著作權所有，並保留一切權利。

C:\Users\henry>python --version
Python 3.13.1

C:\Users\henry>python
Python 3.13.1 (tags/v3.13.1:0671451, Dec  3 2024, 19:06:28) [MSC v.1942 64 bit (
AMD64)] on win32
Type "help", "copyright", "credits" or "license" for more information.
>>> print("Hello Python!")
Hello Python!
>>>
```

▲ 終端機中執行 print("Hello Python!") 指令並顯示輸出結果

5.1.3 撰寫與執行第一個程式

◆ Hello World 範例（終端機 / 指令列）

剛剛是在互動式命令列模式中執行 Python，現在我們要來建立一個 .py 的檔案

建立檔案：

在專案資料夾中，新建一個檔案 hello.py。

在編輯器（例如 VS Code）中，輸入以下程式碼並存檔：

```
1  print("Hello, World!")
```

▲ 程式碼範例

執行程式：

在終端機 / 指令列進入該檔案所在資料夾，輸入：

```
1  python hello.py
```

▲ 程式碼範例

若成功，畫面會輸出 Hello, World!。

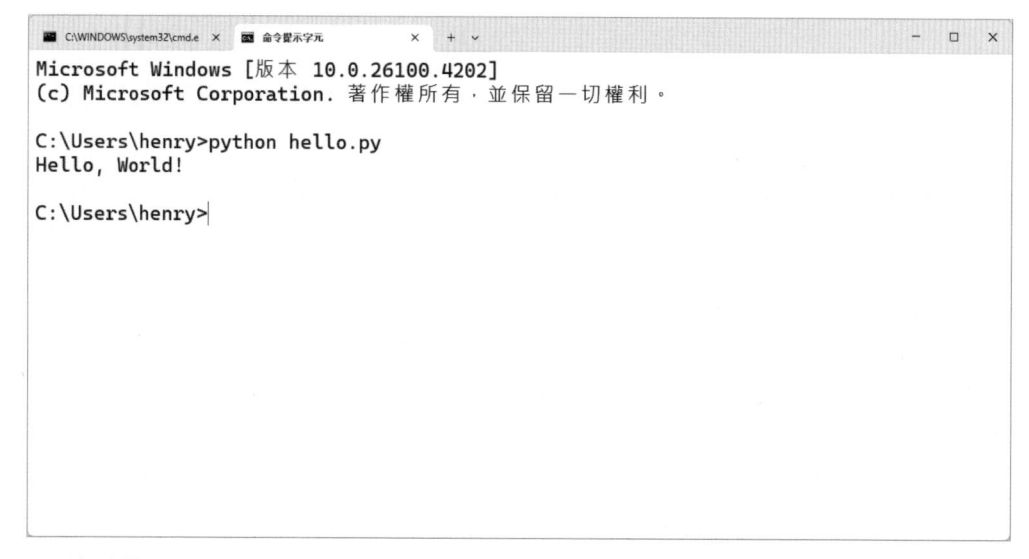

```
Microsoft Windows [版本 10.0.26100.4202]
(c) Microsoft Corporation. 著作權所有，並保留一切權利。

C:\Users\henry>python hello.py
Hello, World!

C:\Users\henry>
```

▲ 終端機中執行 hello.py 檔案並顯示 "Hello, World!" 輸出結果

5.1.4　Google Colab 互動式範例

◆ 建立 Colab 筆記本

前往，登入 Google 雲端硬碟後，點選「新增」或「Google Colaboratory」。

▲ Google 雲端硬碟新增按鈕位置

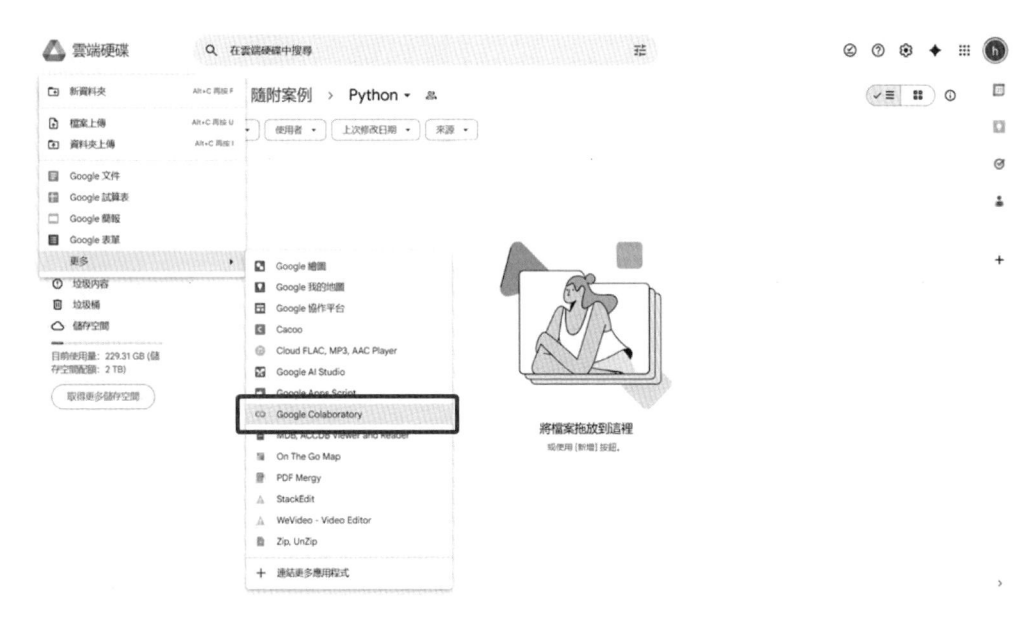

▲ 選擇 Google Colaboratory 建立新筆記本的選單位置

◆ 撰寫程式碼

在新的 Code cell 中，直接輸入：

```python
1  print("Hello, Colab!")
```

▲ 程式碼範例

按下左側的「播放」圖示或快捷鍵 Ctrl+ Enter 即可執行：

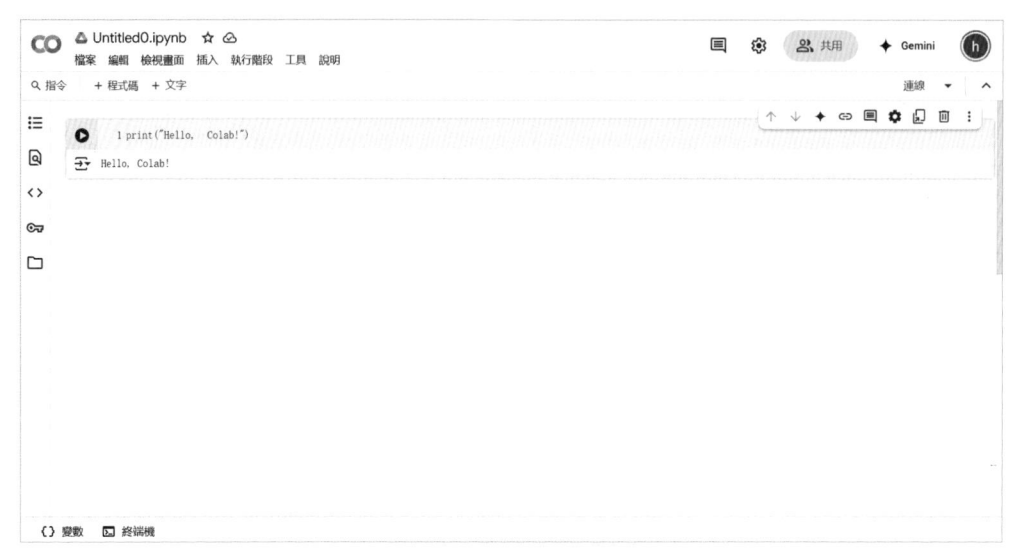

▲ Google Colab 中執行 print("Hello, Colab!") 的程式碼並顯示輸出結果

◆ 優點

- 無須在本地端安裝 Python，即可執行程式。
- 支援即時輸出結果，並能在單一文件中紀錄文字說明、程式碼與執行結果。

5.1.5 常用函式庫與第三方套件

Python 的強大之處,在於其生態系統擁有眾多第三方套件(Libraries / Packages),能讓我們迅速實現各種自動化工作與功能。以下列舉幾個常見套件,供你快速參考。

◆ requests

- 用於發送 HTTP 請求,與各種 API 進行串接。
- 能輕鬆完成 GET、POST 等常見動作,適合抓取網頁資料或與後端系統交換資訊。

```
import requests
response = requests.get("https://api.example.com/data")
print(response.json())
```

▲ 程式碼範例

◆ pandas

- 資料分析與處理的強大函式庫,可輕鬆操作表格型資料。
- 常用於資料讀取、清理、分析與輸出,多數案例中搭配 NumPy、Matplotlib 等一起使用。

```
import pandas as pd
df = pd.read_csv("data.csv")
print(df.head())  # 顯示前五筆資料
```

▲ 程式碼範例

◆ openpyxl

- 用於讀取與寫入 Excel 檔案(.xlsx)。

- 能在 Python 中對儲存格內容進行讀取、修改或建立新工作表，適合辦公自動化應用。

```
1  import openpyxl
2
3  wb = openpyxl.load_workbook("example.xlsx")
4  sheet = wb.active
5  sheet["A1"] = "Hello Excel!"
6  wb.save("example_updated.xlsx")
```

▲ 程式碼範例

◆ selenium

- 自動化操作瀏覽器、進行網頁測試或網頁抓取。
- 適合需要模擬使用者點擊或填寫表單的網頁自動化情境。

```
1  from selenium import webdriver
2
3  driver = webdriver.Chrome()  # 需先安裝好 ChromeDriver
4  driver.get("https://example.com")
5  element = driver.find_element_by_name("q")
6  element.send_keys("Hello Selenium")
```

5.1.6 套件安裝方式

在命令列 / 終端機中使用 `pip`（或 `pip3`）安裝，例如：

```
1  pip install requests
2  pip install pandas
```

▲ 程式碼範例

若使用 Anaconda，則可透過 `conda install` 進行管理：

```
1  conda install requests
2  conda install pandas
```

▲ 程式碼範例

5.1.7 小結

在本章，你已經學到了：

如何安裝與設定 Python：從官方安裝到使用 Anaconda，並確認安裝成功的方法。

撰寫並執行第一個 Python 程式：不論在本地端 (VS Code / 終端機) 或雲端 (Google Colab)，都能輕鬆印出 `Hello, World!`。

常見第三方套件：`requests`、`pandas`、`openpyxl`、`selenium` 等，為自動化與資料處理奠定基礎。

在接下來的章節，我們將進一步介紹 VBA 的基礎操作，並在後面的案例教學中，陸續示範如何透過 Python，整合這些第三方套件，快速打造實用的自動化程式。只要保持好奇心並多嘗試，你會發現 Python 提供了近乎無限的可能性，讓自動化工作事半功倍！

5-2 Python 基本語法

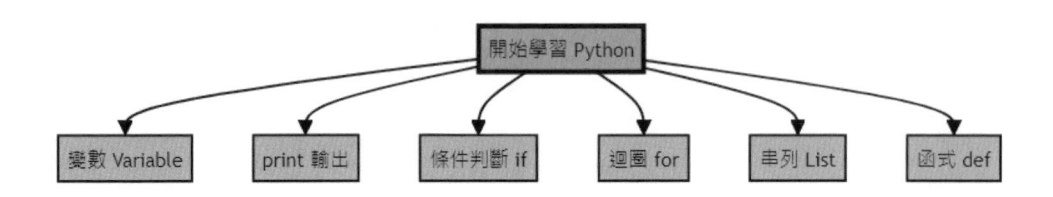

對於一位剛開始接觸程式的新手，尤其是想要靠 GenAI 來幫忙寫 Python 程式、但又希望自己能稍微看得懂程式碼、不會完全霧煞煞的人來說，以下這些 Python 的基本語法，是最值得先掌握的入門觀念！

我們一樣用簡單易懂的方式介紹，讓你不用成為工程師，也能看得懂 AI 幫你生成的 Python程式碼。

5.2.1 def：定義一段動作（函式）

```
1  def greet():
2      print("Hello")
```

▲ 程式碼範例

def 是 define（定義）的縮寫，用來宣告一個函式（function）。

greet() 是這段動作的名字，後面括號可以加上參數（之後會介紹）。

print("Hello") 是這個動作的內容。

注意 Python 是靠縮排（空四格）來區分程式區塊的。

想像成你在寫「泡咖啡」這個動作，def 就是給這個動作取名字，裡面寫的是步驟。

5.2.2　print()：把東西顯示出來

```
1    print("Hello, world")
```
▲ 程式碼範例

print 是印出來的意思，可以顯示字串、數字、變數內容。

非常適合用來「看一下現在的程式執行到哪裡了」，也是新手除錯的好朋友。

print 就像一個擴音器，幫你把程式裡的東西「喊」出來。

5.2.3　變數（Variable）：幫資料取個名字

```
1    name = "小明"
2    age = 18
```
▲ 程式碼範例

name 和 age 就是變數，把資料存進去，之後可以重複使用。

Python 不需要特別寫出資料類型（像是字串、數字），它會自動判斷。

你可以把變數想像成「便利貼」：你寫了小明，把它貼在 name 這張紙上。

5.2.4　if 條件判斷

```
1    if age >= 18:
2        print("成年了")
3    else:
4        print("還沒成年")
```
▲ 程式碼範例

if 是「如果⋯就⋯」的邏輯。

後面記得要縮排，Python 是靠縮排來表示範圍的。

可以用 else 來寫條件不成立時要做的事。

這段程式就像一個分岔路，根據 age 的值來決定要走哪邊。

5.2.5 for 迴圈：重複做某件事

```
1  for i in range(3):
2      print("第", i, "次")
```

▲ 程式碼範例

range(3) 會產生 0, 1, 2，總共三次。

i 是每次迴圈的計數器。

每次執行時都會跑一次 print。

想像你在折三次衣服，每次都說「這是第 X 次」。

5.2.6 串列（List）：放很多資料的容器

```
1  fruits = ["蘋果", "香蕉", "芒果"]
2  for fruit in fruits:
3      print(fruit)
```

▲ 程式碼範例

[] 是串列（List），可以一次放好幾個資料。

可以搭配 for 一筆筆讀取。

這就像你有一籃水果，for 幫你一個個拿出來看。

5.2.7 寫註解

| 1 | # 這是用來印出名字的程式 |

▲ 程式碼範例

「#」開頭的是註解，程式執行時會跳過這行。

用來說明用途、提醒自己做了什麼。

想像你在文件旁邊貼小紙條，提醒自己這段是做什麼用的。

5.2.8 總結：這些語法是初學者最需要先掌握的

概念	用途
def	定義一段動作（函式）
print()	印出資訊、除錯用
變數	儲存資料
if	條件判斷
for	重複執行
list	多筆資料的容器
# 註解	幫自己標註用途

如果你想用 GenAI 幫你寫 Python，可以試試說：

　　幫我寫一段 Python 式，把一個水果清單裡的每個項目都印出來。

然後對照這些語法逐句看懂、逐句修改，你就已經在學會寫 Python 的路上了！

5-3 要怎麼定時執行 Python 程式？

假設你寫好了自動化的 Python 程式後，接下來你可能會有個疑問：

「我每次都要手動執行這段程式碼嗎？有沒有辦法讓它每天自動跑？」

有的，這一章我們就來介紹幾種**讓 Python 自動定時執行的方法**，從最簡單的操作方式開始，適合新手入門，也會補充一些進階一點的方法，給未來有興趣深入的你參考。

5.3.1 為什麼要定時執行？

舉幾個實用的例子：

每天早上 8 點，自動抓取匯率並存進 Excel。

每週五下午，自動寄送團隊會議記錄。

每小時檢查一次網站是否掛掉，出問題就通知你。

這些事你可以手動做，但用程式來自動做，不但不會忘記，還幫你省下一大堆時間。

5.3.2 方法一：用 Windows 排程器（Task Scheduler）

如果你是使用 **Windows 系統**，可以利用內建的「工作排程器」（Task Scheduler）來定時執行任何 Python 程式。

◆ 步驟：

- 開啟「開始」選單，搜尋「Task Scheduler」並打開。
- 點選右側「建立基本工作」。
- 輸入這個任務的名稱，例如 每天早上抓資料。

- 選擇觸發時機（例如：每天）。
- 設定時間（例如早上 08:00）。
- 在「動作」這一頁，選擇「啟動程式」。

程式路徑請填入你電腦中的 Python 可執行檔，像這樣：

```
1    C:\Users\你的帳號\AppData\Local\Programs\Python\Python39\python.exe
```

- 在「新增引數」那一格，填入你的 Python 程式路徑，例如：

```
1    C:\Users\你的帳號\Desktop\auto_script.py
```

完成！你已經成功讓 Python 每天自動執行了。

> 小提醒：檔案路徑中有空格的話，記得加上引號。

5.3.3 方法二：用 Mac 的 crontab

如果你是用 **macOS（或 Linux）**，那就會用到一個經典的工具：crontab。這是系統內建的排程工具，設定起來有點像在設定鬧鐘。

◆ 步驟：

- 開啟終端機（Terminal）。
- 輸入以下指令：
  ```
  1    crontab -e
  ```
- 在出現的編輯器中，新增一行設定如下，意思是每天早上 8 點整，執行這支 Python 程式：
  ```
  1    0 8 * * * /usr/bin/python3 /Users/你的位置/auto_script.py
  ```

> 小提示：可以用 which python3 查出你的 Python 執行路徑。

◆ crontab 時間格式說明：

```
1  分 時 日 月 星期 執行指令
```

▲ 程式碼範例

例如：

指令	說明
0 8 * * *	每天早上 8 點執行一次
/10 * * *	每 10 分鐘執行一次
0 18 * * 5	每週五下午 6 點執行

5.3.4 方法三：用 Python 自己的排程套件

如果你想要整個排程邏輯也放進 Python 程式裡，可以用 schedule 套件。

◆ 安裝方式：

```
1  pip install schedule
```

▲ 程式碼範例

◆ 範例程式碼：

```python
import schedule
import time

def job():
    print("這是一個自動任務")

# 設定每天早上 8 點執行一次
schedule.every().day.at("08:00").do(job)

# 一直等待並定時執行
while True:
    schedule.run_pending()
    time.sleep(60)
```

▲ 程式碼範例

但注意：這段程式需要**一直開著**才會有效，所以通常會搭配「放在雲端執行」來使用，例如：放到 Replit、Heroku、或 Google Cloud 等。

5.3.5 方法四（進階）：在雲端平台上排程（適合未來想玩更大的人）

以下是幾個雲端服務，可以讓你的 Python 程式即使電腦關機也照樣執行：

雲端服務	優點	備註
Replit	免費、免安裝、簡單上手	可排程（需開啟機器）
Google Cloud Functions	與 Google 服務整合佳	有免費額度
PythonAnywhere	有免費版、內建排程功能	適合初學者

這部份適合已經對程式與系統掌握度夠高的使用者試試看。

5.3.6 選一種最適合你的方式就好

其實定時執行的方式很多，但只要你現在是用 Windows，就先用 Task Scheduler；用 Mac，就用 crontab；如果你想學著把排程也寫在程式裡，就用 schedule 套件。

而你最重要的任務不是記住所有方法，而是——**找出「最適合你現在狀況」的那一種方式**。

第6章

VBA 入門

6-1 VBA 面操作

VBA（Visual Basic for Applications）是深度整合 Microsoft Office（如 Excel、Word、PowerPoint）的一種語言，能夠讓我們透過程式碼對文件進行各種自動化操作。不少人在日常工作中常使用 Excel 進行報表或資料整理，如能掌握 VBA，就能進一步讓這些重複性任務自動化，大幅節省時間與降低錯誤率。本章將介紹如何開啟 VBA 編輯器、撰寫簡單程式與常見的事件應用方式。

6.1.1 開啟 VBA 編輯器

◆ 先找到啟用「開發人員」索引標籤的地方

若是第一次接觸 VBA，你可能會發現 Excel 功能表中沒有「開發人員」索引標籤。

在 Excel 中點選「檔案 (File)」→「選項 (Options)」→「自訂功能區 (Customize Ribbon)」：

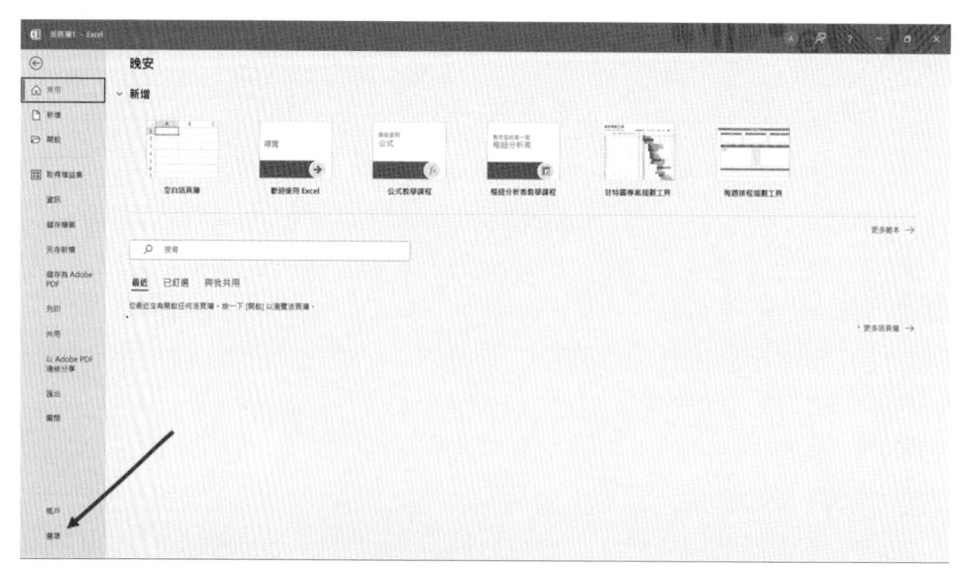

▲ Excel 選項視窗 - 自訂功能區設定畫面

在右側的主要索引標籤列表中，勾選「開發人員 (Developer)」：

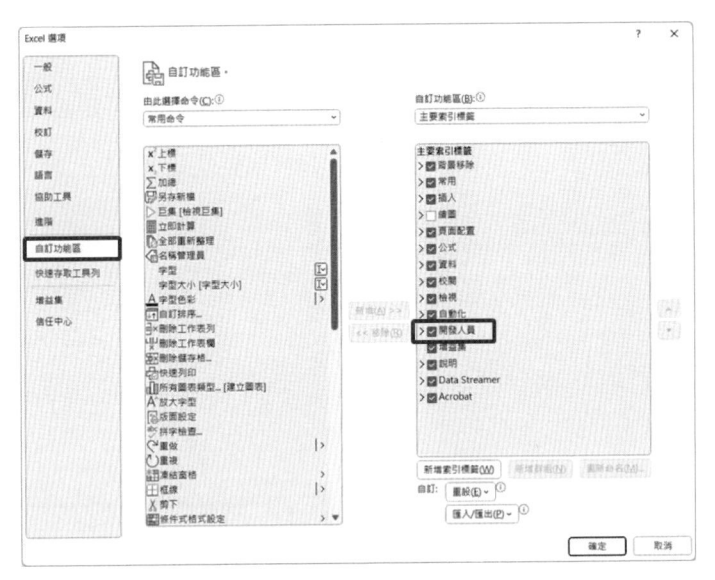

▲ Excel 自訂功能區 - 啟用開發人員索引標籤

點選「確定 (OK)」後，即可在功能區看到「開發人員」選項。

◆ 進入 VBA 編輯器 (Visual Basic Editor)

在 Excel 的功能區上方點選「開發人員 (Developer)」，再點選「Visual Basic」。

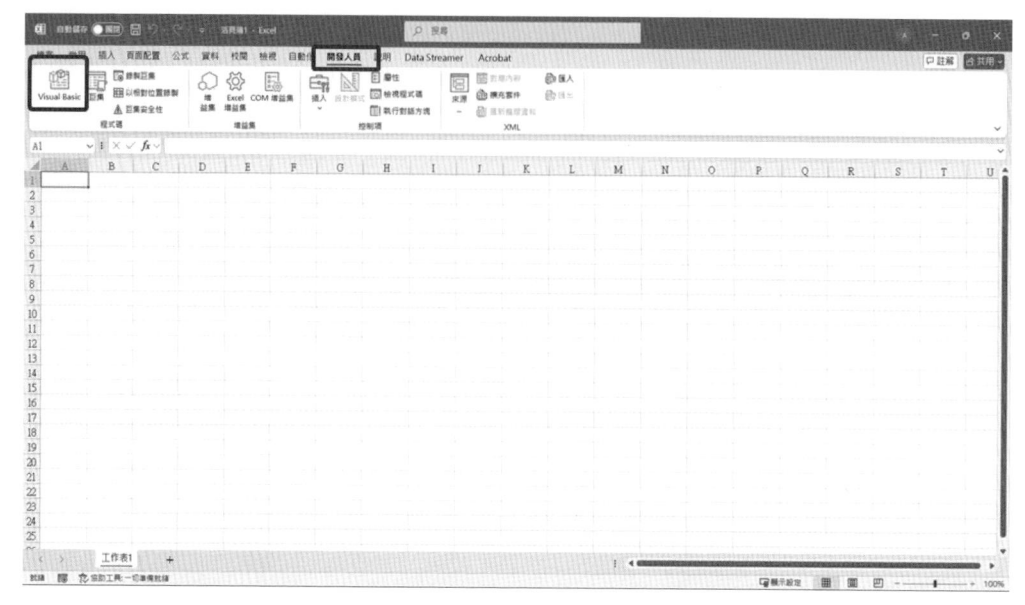

▲ Excel 功能區 - 開發人員頁籤中的 Visual Basic 按鈕

即可進入 VBA 編輯器，開始撰寫或查看程式碼。

6.1.2 其他 Office 應用程式的入口

Word

- 同樣在 Word 中啟用「開發人員」索引標籤，步驟幾乎一致。
- 進入後，點選「Visual Basic」即可開啟 VBA 編輯器。

PowerPoint

- 也能透過相同步驟啟用「開發人員」索引標籤，然後點選「Visual Basic」編輯器。

對大部分使用者而言，`Excel` 是最常用於自動化的環境，因此以下範例將以 `Excel` 為主，但在 `Word`、`PowerPoint` 中的操作方式也大同小異。

6.1.3 撰寫與執行第一個程式

◆ Hello World 範例

插入新模組 (Module)

在 VBA 編輯器左側的「專案總管 (Project Explorer)」中,找到你目前開啟的 Excel 檔案(通常顯示在 `VBAProject(`檔案名稱`.xlsm)` 下)。

右鍵點選「Microsoft Excel 物件」或「Modules」資料夾(若無 Modules 資料夾,可直接在專案名稱上右鍵)→「插入 (Insert)」→「模組 (Module)」。

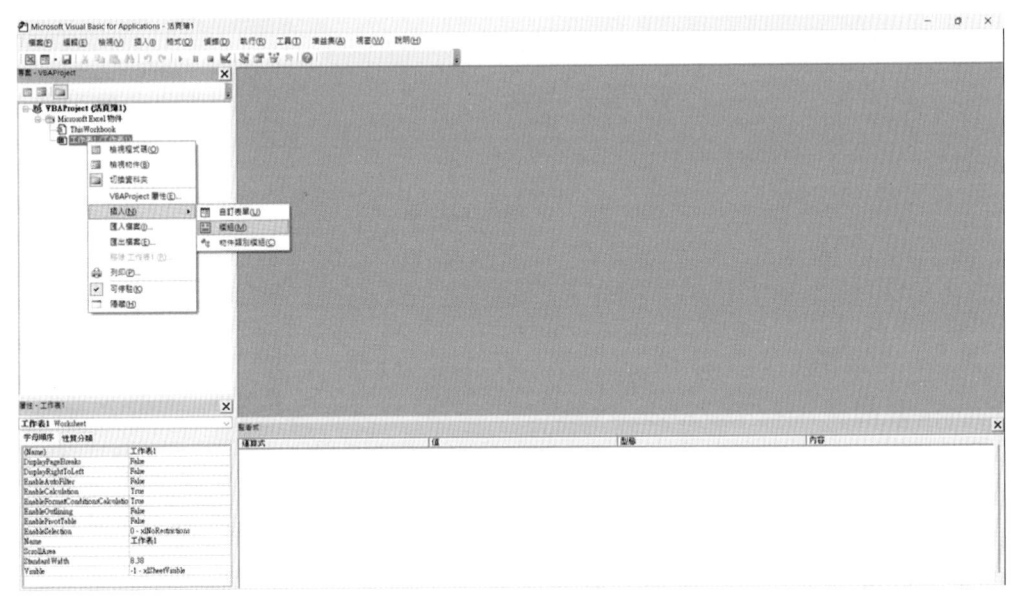

▲ VBA 編輯器 - 插入新模組操作畫面

在右側的程式碼視窗中,就可以開始撰寫 VBA 程式碼。

撰寫簡單程式碼可將以下程式碼填入右側編輯區

```
1  Sub HelloWorld()
2  ' 這是一個最簡單的 VBA 程式，將在 A1 儲存格輸出文字
3  Range("A1").Value = "Hello, World!"
4  ' 也可以彈出一個訊息方塊
5  MsgBox "已將 Hello, World! 寫入 A1 儲存格"
6  End Sub
```

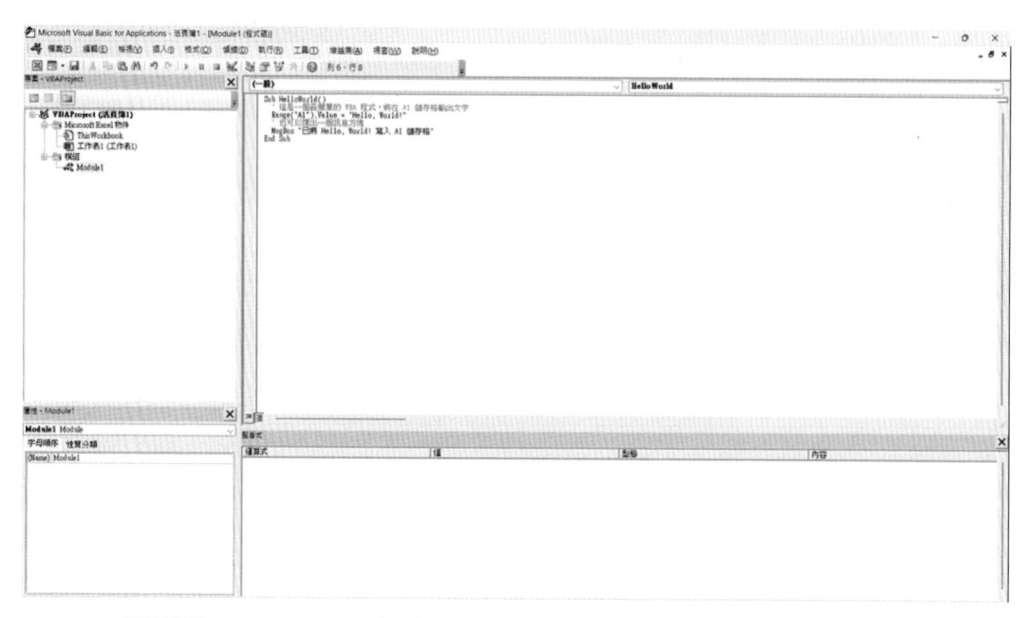

▲ VBA 編輯器 -HelloWorld 程式碼範例

Sub HelloWorld() 表示定義了一個名為「HelloWorld」的子程式 (Subroutine)。

Range("A1").Value = ... 用於存取 Excel 儲存格的內容。

MsgBox 則會彈出一個訊息方塊。

執行程式

將游標放在 Sub HelloWorld() 裡面或上方，按下快捷鍵 F5 或點選功能表「執行 (Run)」→「執行 Sub/UserForm」。

回到 Excel 工作表，就能在 A1 儲存格看到「Hello, World!」，且會跳出訊息對話框。

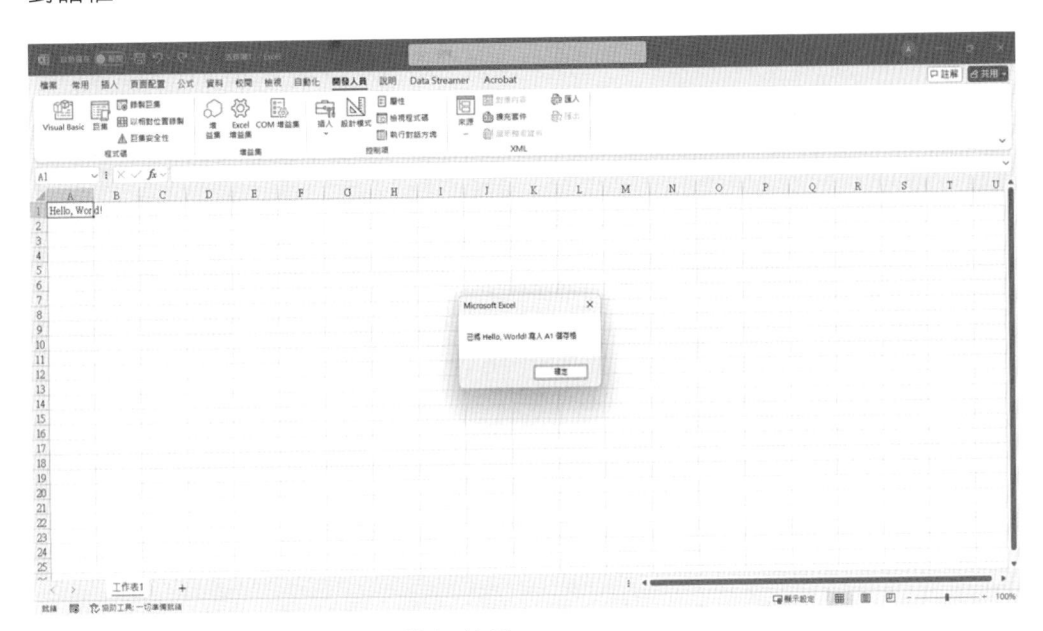

▲ Excel 工作表 -HelloWorld 執行結果

6.1.4 巨集 (Macro) 與事件 (Event)

VBA 中的「巨集 (Macro)」通常指的是一段可重複執行的程式碼，經常用於錄製並自動重現使用者操作；而「事件 (Event)」則是在特定情況下自動執行程式的機制，例如開啟檔案、關閉檔案、點擊按鈕等時機。

◆ 錄製巨集 (Macro Recorder)

在「開發人員 (Developer)」索引標籤中，點選「錄製巨集 (Record Macro)」：

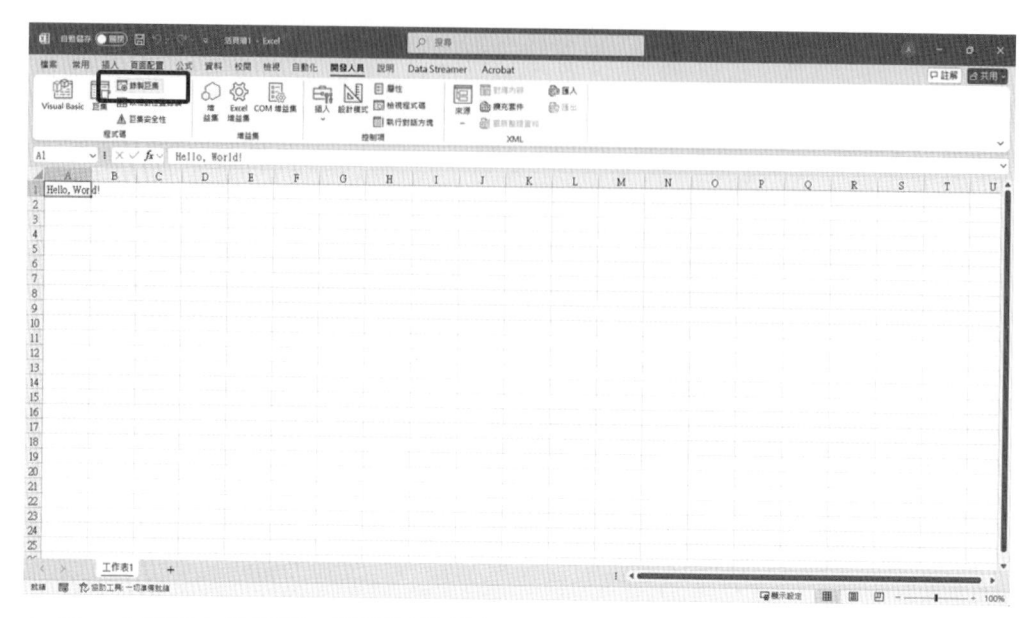

▲ Excel 開發人員頁籤 - 錄製巨集按鈕

為巨集命名（例如巨集 1），選擇存放巨集的位置（通常存在於目前活頁簿），再按「確定 (OK)」。

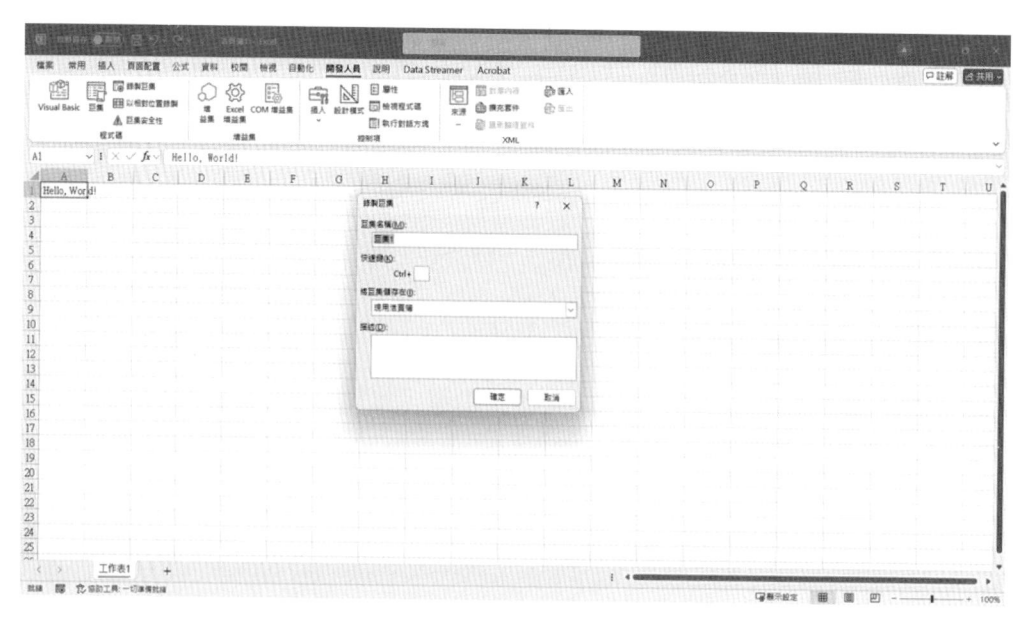

▲ Excel 錄製巨集 - 設定巨集名稱與儲存位置

◆ 執行操作

- 此時，你在 Excel 中的操作（例如選取儲存格、輸入文字）都會被記錄下來。
- 完成後，點選「停止錄製 (Stop Recording)」。

◆ 檢視程式碼

- 回到 VBA 編輯器，就能在名為 `Modules` 的模組中看到剛剛產生的程式碼。
- 這段程式碼可視需要進行修改或複製，快速應用在其他地方。

6.1.5 工作表事件 (Worksheet Event)

◆ 常見事件

`Worksheet_Change(ByVal Target As Range)`：當工作表內容被改變時自動觸發。

`Worksheet_Activate()`：當使用者點選該工作表時觸發。

◆ 設定事件的範例

在 VBA 編輯器左側的「Microsoft Excel 物件」下方，找到你要設定事件的工作表（例如 `Sheet1`（工作表 1））。

在程式碼視窗的左側下拉選單中，選擇「Worksheet」，在右側下拉選單中選擇「Change」。

可試著在 Private Sub Worksheet_Change(ByVal Target As Range) 與 End Sub 這個範圍填入以下範本程式碼：

```
Private Sub Worksheet_Change(ByVal Target As Range)
    If Not Intersect(Target, Range("A1")) Is Nothing Then
        MsgBox "A1 儲存格已被修改，現在的值是： " & Range("A1").Value
    End If
End Sub
```

▲ 程式碼範例

此程式碼的意思是：只要 A1 儲存格發生變動，就跳出一個對話框顯示目前內容。

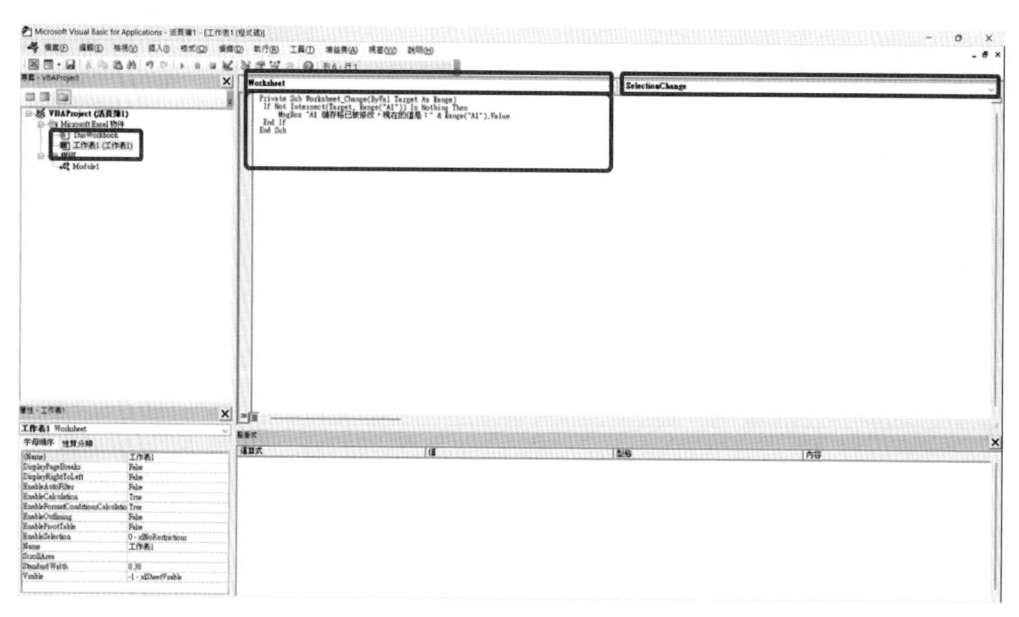

▲ VBA 編輯器 - 工作表 Change 事件程式碼範例

6.1.6 小結

在本章,你已經學到:

◆ **如何開啟 VBA 編輯器:**

在 Excel、Word、PowerPoint 中啟用「開發人員」索引標籤,並進入「Visual Basic」。

◆ **撰寫並執行第一個 VBA 程式:**

透過插入模組,撰寫 Sub HelloWorld(),示範將文字輸入到儲存格並顯示訊息方塊。

◆ **巨集與事件:**

- 利用巨集錄製功能可快速將操作轉化為程式碼。
- 工作表事件可在特定動作發生時自動執行指定程式。

接下來,我們將進入「動手用 AI 寫程式」的章節,探索如何讓 AI 幫忙撰寫或優化程式碼,並在之後的實例教學中,綜合運用 Google Apps Script、Python 與 VBA,打造各種辦公室與生活自動化應用。持續保持好奇與練習,你就能充分發揮 VBA 的威力,讓繁瑣工作變得輕鬆高效!

6-2 VBA 基本語法

對於一位剛開始接觸程式的新手，尤其是想靠 GenAI 幫忙寫 VBA、自動化 Excel 或 Word 工作，但又希望自己能稍微看懂 VBA 程式碼、不會完全霧煞煞的人來說，以下這些 VBA 的基本語法，就是你最值得學起來的第一步！

我們一樣用簡單的方式介紹，讓你「看得懂」、「能改動」、「不怕錯」。

6.2.1 Sub：一段 VBA 程式的開始

```
1  Sub SayHello()
2    MsgBox "Hello"
3  End Sub
```

▲ 程式碼範例

Sub 是 Subroutine 的縮寫，表示「子程序」，是 VBA 裡最基本的程式單位。

SayHello 是這段程式的名稱，可以自己取（不能有空白）。

End Sub 表示這段程式結束了。

你可以把 Sub 想像成一個 Excel 巨集的「標題」，後面就是你要 Excel 幫你做的事。

6.2.2 MsgBox：跳出提示訊息

```
1  MsgBox "請記得存檔喔！"
```

▲ 程式碼範例

MsgBox 會跳出一個訊息框，讓使用者看到。

通常用來提示、提醒或除錯。

它就像 VBA 內建的小小對話框，幫你把訊息顯示出來。

6.2.3 變數宣告：Dim

```
1  Dim name As String
2  Dim score As Integer
```

▲ 程式碼範例

Dim 是 VBA 宣告變數用的關鍵字。

As 後面要寫資料型別，例如 String（文字）、Integer（整數）、Double（小數）等等。

Dim 就像是先準備好一個抽屜，讓你放東西進去，而且會貼上「這是文字」或「這是數字」的標籤。

6.2.4 If 判斷式

```
1  If score >= 60 Then
2      MsgBox "及格"
3  Else
4      MsgBox "不及格"
5  End If
```

▲ 程式碼範例

If … Then 是條件判斷語法。

可以搭配 Else 處理不符合條件的情況。

最後記得加上 End If，表示結束。

這段就像在做成績判斷，分數過 60 就彈出及格，否則就顯示不及格。

6.2.5 For 迴圈：重複做一件事

```
1  Dim i As Integer
2  For i = 1 To 3
3    MsgBox "第" & i & "次"
4  Next i
```

▲ 程式碼範例

For 是開始迴圈，To 表示要跑到哪裡。

Next i 表示一輪跑完，再到下一輪。

& 是字串串接符號，用來把文字與數字接在一起。

這段就像你跑操場，每跑一圈就喊出「這是第 X 圈」。

6.2.6 操作 Excel 表格

```
1  Dim ws As Worksheet
2  Set ws = ThisWorkbook.Sheets("工作表1")
3  ws.Range("A1").Value = "Hello"
```

▲ 程式碼範例

ThisWorkbook 是目前的 Excel 檔案。

Sheets("工作表 1") 是選擇哪一張工作表。

Range("A1").Value 是設定 A1 儲存格的內容。

這段就像你對 Excel 說：「去那張叫工作表 1 的紙上，把 A1 填上 Hello」。

6.2.7 註解的寫法

```
1    '這是一段提示使用者的訊息
```
▲ 程式碼範例

單引號 ' 開頭的行就是註解，不會被執行。

註解可以寫中文、用來說明你每段程式碼在幹嘛。

就像在筆記旁邊貼上便利貼，提醒自己這段是做什麼的。

6.2.8 總結：這些語法是 VBA 初學者最實用的工具包

概念	用途
Sub / End Sub	程式開始與結束
MsgBox	顯示訊息框
Dim	宣告變數
If / Else	條件判斷
For / Next	重複執行
Sheets / Range	操作 Excel 表格
'單引號註解	解說用途、便於理解

如果你想用 GenAI 幫你寫 VBA，可以這樣說：

　　幫我寫一段 VBA，把 A1 儲存格填上 "Hello World" 並跳出提示訊息。

然後你就可以照著它給的程式碼，一句句照這份教學對照、修改，很快就能駕馭 VBA 的自動化魔法了！

第 7 章

靠 AI 開始寫你的第一支自動化程式

7-1 與 AI 協作

在前幾章，我們已經初步認識了 Google Apps Script、Python 以及 VBA 的環境與基礎操作。接下來，讓我們進一步體驗「AI 幫你寫程式」的魅力。隨著人工智慧的飛速進展，許多程式自動化的需求，都能透過 AI 來產生初步的程式碼，節省新手查文件與反覆試錯的時間。本章將帶你探索如何與 AI 有效合作，並說明從「提問、理解、測試、除錯、優化」的完整流程。

7.1.1 選擇合適的 AI 平台或工具

◆ 簡單的開發可利用對話式 AI

例如 ChatGPT、Gemini、Copilot、Grok、Claude 等。只要將需求描述或程式碼片段傳遞給這些對話式 AI，就能快速獲得可行的程式雛形或邏輯建議，相當適合解決初步的功能需求或基礎概念疑惑。

◆ 較為複雜的開發可利用有整合 AI 的 IDE

例如 Cursor、Windsurf 等。在這些 IDE 中，AI 不僅能即時提示並補完程式碼，也能與使用者持續互動、對程式結構進行更深入的分析與優化。這對需要長期維護或不斷擴充的專案而言格外便利。

7.1.2 提問技巧：給 AI 清晰的需求描述

◆ 明確的目標與範圍：

說明你想要用什麼語言（GAS / Python / VBA），操作什麼物件（Excel？Google Sheets？API？），需要達成什麼功能（寄信？讀取資料？）。

◆ 額外約束或條件：

若有特定函式庫限制或兼容性考量，也要事先註明。

◆ 提供範例資料或上下文：

若你要分析某份表格，可以描述該表格的格式、資料內容、欄位名稱等。

舉例：

> 「我想用 Python 的 pandas 與 openpyxl，將檔案 sales.xlsx 的工作表 Sheet1 中，A 欄與 B 欄的資料讀進 DataFrame，然後把計算結果寫入到 Sheet2。最後把檔案儲存為 sales_updated.xlsx。能否幫我撰寫一段程式？」

或是：

> 「我有一個 Google Spreadsheet，裡面有昨天的銷售數據。我想用 Google Apps Script，每天早上 8 點自動寄封信給自己，信件標題為 '昨日銷售通知'，內文需要顯示 '昨日銷售總額：XXXXX'。能幫我產生一段程式碼嗎？」

如此清楚的描述，能讓 AI 更精準地回傳你想要的程式碼。

7-2 理解 AI 提供的程式碼

7.2.1 拆解程式邏輯與關鍵字

大多數情況下，AI 回傳的程式碼可能結構清晰，但需要你自行判斷以下要素是否符合需求：

- **變數名稱與函式名稱**：是否吻合你的需求或具可讀性？
- **流程步驟**：從讀取資料、處理、到輸出結果，中間邏輯有沒有缺漏？
- **錯誤處理與例外狀況**：AI 是否有幫你處理輸入無效、檔案不存在等情況？如果沒有，可能需要手動補上。

7.2.2 AI 程式碼示範

以下示範如何使用對話式 AI 產生一段 Python 程式碼，並利用 AI 的解釋與註解功能，逐步理解並調整整個流程。

◆ 如何產生程式碼

在對話式 AI（例如 ChatGPT、Gemini、Copilot、Grok、Claude 等）中，描述你的需求，例如：

> 「請幫我用 Python + openpyxl 撰寫一段程式，能夠讀取 sales.xlsx 檔案的工作表 Sheet1，並印出 A 欄的所有資料。」

AI 收到需求後，通常會回傳一段程式碼，類似下方範例：

```
1   import openpyxl
2
3   def print_column_data(filename, sheet_name, column_letter):
4       wb = openpyxl.load_workbook(filename)
5       sheet = wb[sheet_name]
6
7       for cell in sheet[column_letter]:
8           print(cell.value)
9
10      wb.close()
11
12  print_column_data("sales.xlsx", "Sheet1", "A")
13
```

◆ 如何理解程式碼

請 AI 解釋：

若你不確定程式碼中每一行的作用，可以直接請 AI 說明。例如： > 「請解釋每一行的程式碼在做什麼？」

AI 可能會逐行告訴你：

`wb = openpyxl.load_workbook(filename)`：打開 Excel 檔案。

`sheet = wb[sheet_name]`：讀取指定工作表。

`for cell in sheet[column_letter]:`：逐列掃描指定欄位中的儲存格。

請 AI 加上註解：

你也可以要求 AI 幫你在程式碼中加入註解，讓代碼更容易閱讀與維護。例如：

「請將上述程式碼加上完整的註解，並保留原始功能。」

AI 回傳後的程式碼可能就會包含詳細註解，像這樣：

```python
import openpyxl

def print_column_data(filename, sheet_name, column_letter):
    # 使用 openpyxl 讀取指定檔案
    wb = openpyxl.load_workbook(filename)
    # 取得特定工作表
    sheet = wb[sheet_name]

    # 逐列讀取指定欄位的儲存格資料
    for cell in sheet[column_letter]:
        print(cell.value)

    # 關閉工作簿
    wb.close()

# 呼叫函式以印出 sales.xlsx 的 Sheet1 工作表 A 欄資料
print_column_data("sales.xlsx", "Sheet1", "A")
```

看不懂的可以直接追問：

若仍有任何段落或函式沒有看懂，或想了解為什麼需要某行程式碼，都可以在對話式 AI 介面直接追問。例如：

> def 是什麼意思？

> 「為什麼要關閉工作簿 (wb.close())？如果不關閉有什麼影響？」

AI 便會進一步解釋程式的原理。

透過以上方式，你可以快速得到一段相對完整且經解說的程式碼，不僅加速了開發流程，也同時學會每個步驟背後的原理與用意。

7-3 除錯與優化

在開發過程中，難免會遇到各種問題 (bug) 導致程式無法正常執行或結果不如預期。通常可將這些錯誤分為「語法錯誤」與「邏輯錯誤」兩大類。以下將介紹如何面對不同類型的錯誤，並有效利用 AI 與手動除錯技巧來進行優化。

7.3.1 語法錯誤

◆ 常見症狀

- 編譯或執行階段就報錯，並顯示明確的錯誤訊息，如 `SyntaxError` 或 `Missing Parenthesis` 等。
- 通常是因為程式碼拼錯、少了括號或冒號等基本語法疏失。

◆ 解決方法

- 查看錯誤訊息：大多數語法錯誤都會指出在第幾行或哪個符號附近發生問題。
- 請 AI 幫忙定位並修正：將錯誤訊息及對應的程式碼貼給 AI，請 AI 分析哪裡寫錯或缺少符號，AI 能快速提供修正方案。

7.3.2 邏輯錯誤

◆ 常見症狀

- 程式可以執行，卻無法達到預期效果。例如計算結果錯誤、顯示的資料不對或執行流程順序不正確。
- 通常沒有明確的錯誤訊息 (error message)，或僅有模糊提示，導致很難第一時間知道哪裡出問題。

◆ 解決方法

看不出錯誤時，可以手動除錯 (Debug)：

- 插入印出語句：在關鍵變數或流程段落使用 `print()`、`console.log()`、`Debug.Print` 等方式，檢查實際運算值是否與預期相符。
- 分段測試：將程式邏輯拆分成多個小函式或區塊，逐一檢查每個階段結果，以找出哪一段出現異常。
- 使用偵錯工具：若開發環境有提供斷點 (Breakpoint) 的功能，也可設定斷點並逐步執行，觀察每一行的變數狀態。

你也可以請 AI 幫忙排查邏輯：

- 將你目前的程式碼和「預期行為 vs. 實際行為」的描述提供給 AI，請它分析可能的邏輯問題。如果已嘗試手動印出變數或拆分流程，也可將這些中間結果一併提供，AI 能更精準地找出關鍵錯誤。

7.3.3 持續優化程式

◆ 程式效率與可讀性

- 檢查有無重複或多餘的程式碼；能否抽取成模組或函式，提升維護性。
- 與 AI 討論替代做法、最佳化演算法或資料結構，都能使程式更高效與易懂。

◆ 版本控制與備份

- 在嘗試修改或排除錯誤前，使用版本控制 (如 Git) 或保留備份，避免在除錯過程中誤刪原本的程式碼。請參考本書「如何進行版本控制」章節。

透過以上方法，你可以更有效率地解決各種程式錯誤：語法錯誤多半能用明確的訊息與 AI 建議快速修正，邏輯錯誤則需透過手動測試與 AI 智慧並行，逐步排查與優化。不要忘了，錯誤訊息和中間調試結果都是 AI 分析的重要線索，只要善加利用，就能讓整個除錯過程更輕鬆、更省時。

7-4 用 AI 寫程式範例

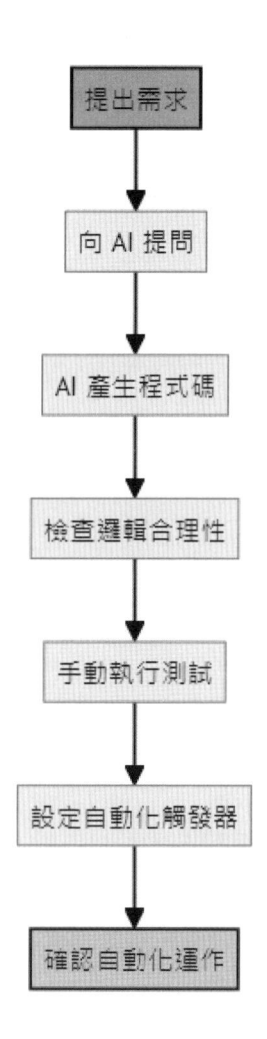

```
提出需求
   ↓
向 AI 提問
   ↓
AI 產生程式碼
   ↓
檢查邏輯合理性
   ↓
手動執行測試
   ↓
設定自動化觸發器
   ↓
確認自動化運作
```

7.4.1 範例：用 AI 產生 Google Apps Script 寄信程式

以下透過一個簡單案例，示範如何運用 AI 加速開發。假設我們想要寫一個 GAS 程式，每天自動寄送一封提醒信件，內容包含昨日的一些資料彙整。

◆ 提問 AI

你可以對 AI 下指令：

> 「我有一個 Google Spreadsheet，裡面有昨天的銷售數據。我想用 Google Apps Script，每天早上 8 點自動寄封信給自己，信件標題為 ' 昨日銷售通知 '，內文需要顯示 ' 昨日銷售總額：XXXXX'。能幫我產生一段程式碼嗎？」

◆ AI 回傳程式範例

AI 回傳的內容可能類似：

```
function sendSalesReport() {
  // 取得試算表與指定工作表
  var ss = SpreadsheetApp.getActiveSpreadsheet();
  var sheet = ss.getSheetByName("SalesData");

  // 讀取昨天的銷售總額（假設放在 A2 儲存格）
  var yesterdaySales = sheet.getRange("A2").getValue();

  // 設定收件者與郵件主旨、內文
  var recipient = "your_email@example.com";
  var subject = "昨日銷售通知";
  var body = "昨日銷售總額： " + yesterdaySales;

  // 寄出郵件
  MailApp.sendEmail(recipient, subject, body);
}
```

7.4.2 檢查與測試

◆ 邏輯合理性

- 確認資料欄位（「SalesData」工作表、A2 儲存格）與實際表格一致。
- 收件者、主旨、內文格式符合需求。

◆ 手動執行一次

- 於 GAS 編輯器執行 `sendSalesReport()`。
- 檢查信箱是否收到測試郵件。
- 確認內文是否正確顯示「昨日銷售總額」。

◆ 設定觸發器

- 在「觸發器」(Triggers) 頁面新增一個時間驅動觸發器，每天上午 8 點執行。
- 隔天早上檢查 email 與 log 確保自動化如預期生效。

{{ 此處應有截圖輔助說明：顯示在 GAS 介面中設定觸發器的畫面與執行結果 }}

若測試過程順利，便能輕鬆完成自動化流程。若有任何錯誤或想做更多自動化，例如動態生成表格內容、插入其他資訊，只需再跟 AI 討論，或自行修改程式碼即可。

7.4.3 小結

在本章，你已經學到：

◆ 如何與 AI 協作以產生程式碼：

選擇合適的 AI 工具，並用清晰的需求描述來提高回應品質。

◆ 理解 AI 回傳的程式碼：

著重檢查程式邏輯、流程、錯誤處理是否符合實際需求。

◆ 除錯與優化：

AI 產生的程式不一定完美，仍需人類的經驗與思考來調整命名、結構與錯誤處理。

◆ 實際案例：

GAS 寄信程式 **：示範透過對 AI 提問，快速生成自動化寄送郵件的範例程式。

透過 AI，初學者可以大幅減少「從零搜尋教學或範例」的時間，而將焦點放在「需求分析」與「驗證程式正確性」上。只要不斷與 AI 對話、嘗試、修正並運行，你的程式自動化開發速度將突飛猛進。下一步，我們將開始探討更多自動化案例，並進一步發揮這些語言與 AI 的組合威力，讓工作與生活更加便利！

7-5 如何使用本書案例

透過前幾章的基礎教學，我們已掌握了 Google Apps Script、Python、VBA 三種常見的辦公室自動化工具，以及如何透過 AI 協助撰寫程式。在接下來這一章，我們將實際運用這些能力，針對不同領域與情境，示範如何快速打造自動化解決方案。每個案例中，我們都會盡量包含以下重點：

7.5.1 情境說明：

為何需要這個自動化功能，它能解決什麼樣的問題？

7.5.2 如何向 AI 發問來獲得程式碼：

示範提出精確問題或需求的方式，獲取更完整的程式碼。

7.5.3 實際程式碼：

結合 Google Apps Script、Python 或 VBA 的實作範例，可依語言需求選擇最符合場景的解決方案。

7.5.4 套用程式碼時要特別注意的地方：

權限、檔案路徑、函式庫版本、使用情境限制等。

讓你用最快速的方式，做出一個可自行修改的基本範例！

第8章

自動化案例 - 資訊整理與報表處理類

8-1 自動整理 Google Drive 裡的檔案

想像一下,你的 Google Drive 裡每天都被各種檔案塞爆:報名表、會議記錄、照片、PDF、發票……

手動一個個分類進資料夾?光想就累。這個時候,程式就能幫你自動做「數位總務」的工作!

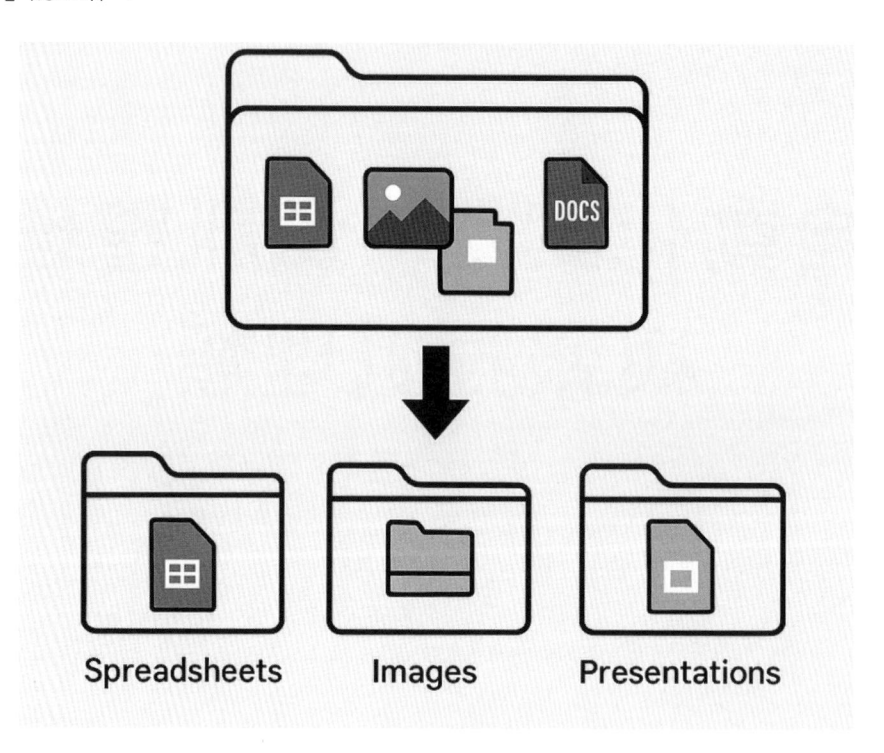

8.1.1 自動整理流程圖

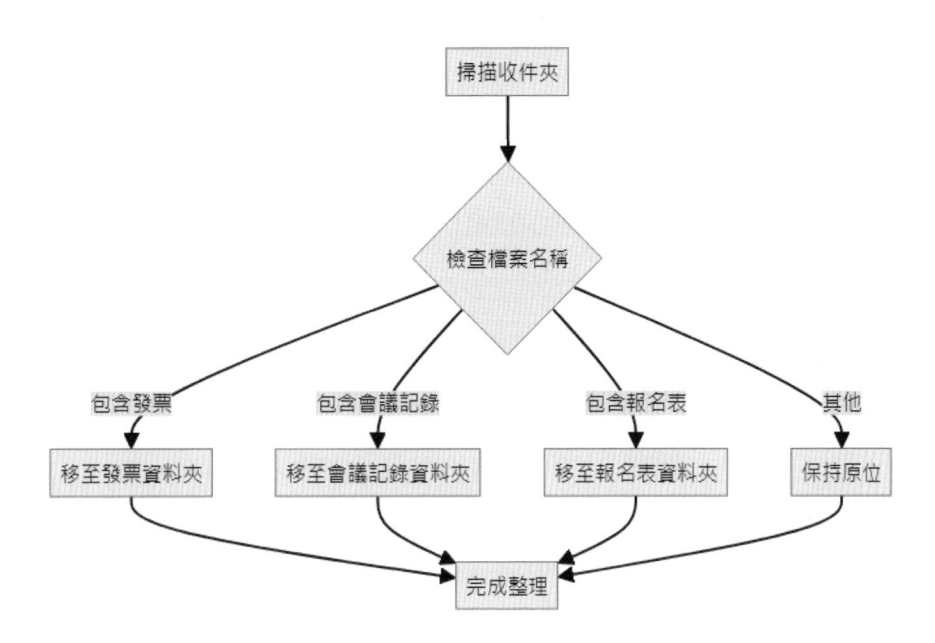

```
掃描收件夾
     ↓
檢查檔案名稱
  ├─包含發票──→ 移至發票資料夾
  ├─包含會議記錄──→ 移至會議記錄資料夾
  ├─包含報名表──→ 移至報名表資料夾
  └─其他──→ 保持原位
           ↓
        完成整理
```

8.1.2 資料夾結構圖

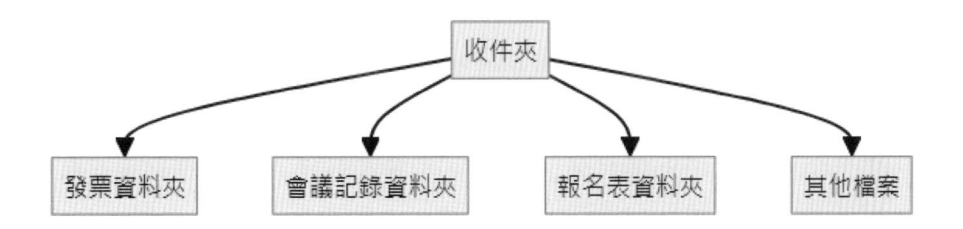

```
            收件夾
   ┌──────┬──────┬──────┐
發票資料夾  會議記錄資料夾  報名表資料夾  其他檔案
```

本節會帶你學會：

- 如何向 AI 描述「分類檔案」的邏輯
- 如何用 Google Apps Script 自動整理檔案到不同資料夾
- 附上範例與延伸應用

8.1.3　實際情境範例

假設你有一個 Drive 資料夾（例如叫做「收件夾」），裡面每天都會自動產生一些新檔案，例如：

- 「發票_2024_03_01.pdf」
- 「會議記錄_行銷部_2024-03-01.docx」
- 「報名表_產品説明會.csv」

你想要根據「檔名關鍵字」，自動把檔案搬到對應的資料夾，例如：

- 有「發票」的 → 移動到「發票」資料夾
- 有「會議記錄」的 → 移動到「會議記錄」資料夾
- 有「報名表」的 → 移動到「報名表」資料夾

這樣一來，整理工作就完全自動化了！

8.1.4　寫給 AI 的提示語（Prompt）

你可以打開 ChatGPT，輸入這樣的説明：

> 「我有一個 Google Drive 資料夾叫做『收件夾』，裡面有一些檔案。如果檔名有『發票』兩個字，就移動到『發票』資料夾，有『會議記錄』就移動到『會議記錄』資料夾，有『報名表』就移動到『報名表』資料夾。用 Google Apps Script 寫程式碼。」

8.1.5　程式範例（Google Apps Script）

你可以將下面程式碼貼到 Google Apps Script 編輯器，並設定觸發器每天執行一次。

```javascript
function autoOrganizeFiles() {
  var folderName = "收件夾"; // 來源資料夾名稱
  var folder = DriveApp.getFoldersByName(folderName).next();
  var files = folder.getFiles();

  while (files.hasNext()) {
    var file = files.next();
    var fileName = file.getName();

    // 檢查關鍵字並搬移
    if (fileName.includes("發票")) {
      moveToFolder(file, "發票");
    } else if (fileName.includes("會議記錄")) {
      moveToFolder(file, "會議記錄");
    } else if (fileName.includes("報名表")) {
      moveToFolder(file, "報名表");
    }
  }
}

function moveToFolder(file, targetFolderName) {
  var targetFolder = DriveApp.getFoldersByName(targetFolderName);
  if (targetFolder.hasNext()) {
    var folder = targetFolder.next();
    folder.addFile(file); // 加進新資料夾
    var parentFolders = file.getParents();
    while (parentFolders.hasNext()) {
      var oldFolder = parentFolders.next();
      oldFolder.removeFile(file); // 從舊資料夾移除
    }
  } else {
    Logger.log("找不到資料夾：" + targetFolderName);
  }
}
```

▲ 程式碼範例

8.1.6 延伸應用

你還可以依據自己的實際需求，加入以下功能：

- 用「副檔名」分類：如 .pdf 丟到「PDF」資料夾
- 加入「建立資料夾」的功能，如果不存在就自動建立
- 搭配時間條件：只整理 3 天內新增的檔案
- 寫入整理記錄到 Google Sheets
- 結合 Gmail，將信件附件自動存入收件夾，再整理

從此你就不用再打開 Google Drive 手動搬檔案了。讓機器人代勞，讓你專心處理更重要的工作！

由於這個任務是整理 Google Drive 的檔案，Google Apps Script 絕對最簡單的選擇。本單元就不額外提供 VBA/Python 的範例了。

8-2 自動轉存 Email 附件

有沒有遇過這種情況： 想要大量把某一類的 Email 附件下載轉存出來，但又不想一封封點開、手動下載？

這不只是浪費時間，還容易出錯。本節會教你用三種語言（GAS / VBA / Python）來做同一件事：**篩選來自 noreply@example.com、主旨含有「報表」，且是最近 7 天內的信件，並下載其附件**

這樣可以幫助你更容易比較三種方法，知道哪一種最適合你。

8.2.1 自動轉存流程圖

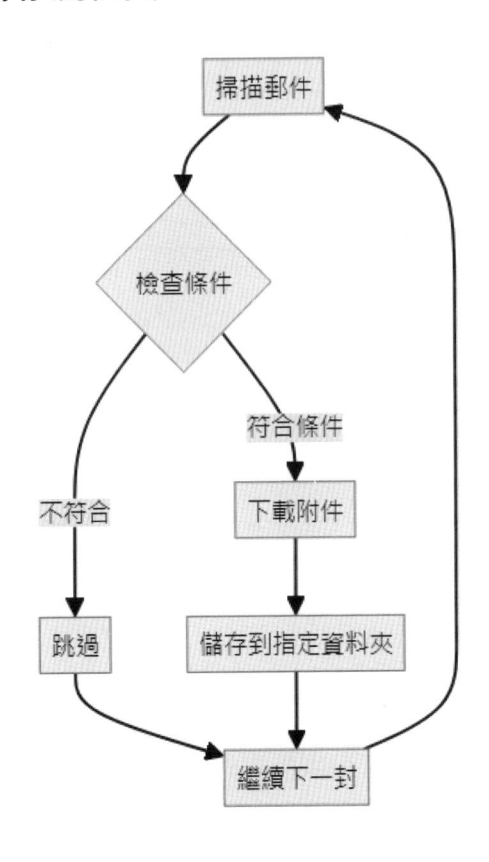

8.2.2 三種方法的比較

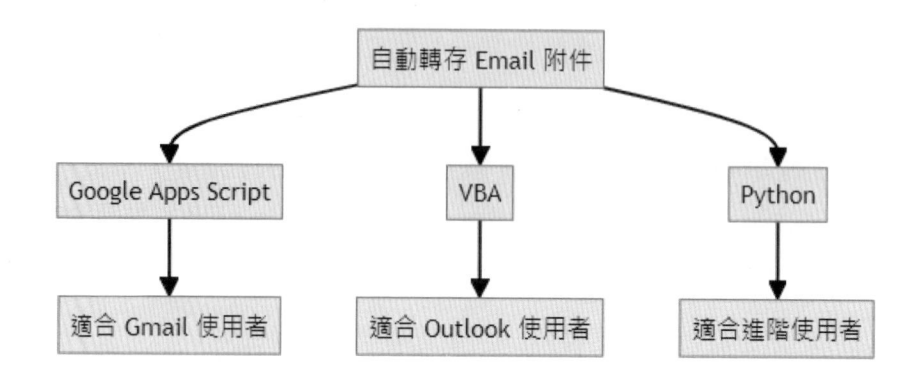

```
                    自動轉存 Email 附件
                ┌──────────┼──────────┐
                ▼          ▼          ▼
        Google Apps Script  VBA       Python
                │          │          │
                ▼          ▼          ▼
         適合 Gmail 使用者  適合 Outlook 使用者  適合進階使用者
```

這邊的範例程式可以單獨手動執行，在你有需要的時候再觸發。也可以自行搭配 Trigger 或定時器，讓它定期自動執行。

8.2.3 你可以這樣問 AI：

如果你也想請 AI 幫你寫出類似的自動化腳本，可以嘗試這樣問：

> 幫我寫一段程式碼，從 Gmail 中篩選出「來自、主旨包含『報表』、最近 7 天內」的信件，並自動下載附件。請用 Google Apps Script 寫，並附上詳細註解。

或是：

> 用 VBA 幫我寫一個可以把 Outlook 收件匣中，最近七天、主旨有「報表」、來自的信件附件，儲存到我電腦某個資料夾的程式碼。

或是：

> 我想用 Python 抓 Gmail 附件，條件是：寄件人是，主旨包含「報表」，信件時間在七天內。請幫我寫程式，並說明要怎麼設定帳號登入。

8.2.4 用 Google Apps Script 存 Gmail 附件

這個方法最適合 Gmail 使用者，只要會開 Google Apps Script，就能把信件中夾帶的檔案自動存到 Google Drive。

◆ 範例程式：

```
function saveGmailAttachments() {
  // 可修改的參數：
  // - 寄件者篩選：修改 from:noreply@example.com
  // - 主旨關鍵字：修改 subject:報表
  // - 時間範圍：修改 newer_than:7d
  // - 儲存資料夾名稱：修改 "信件附件"

  var threads = GmailApp.search('from:noreply@example.com subject:報表 has:attachment newer_than:7d');
  var folder = DriveApp.getFoldersByName("信件附件").next();

  threads.forEach(function(thread) {
    var messages = thread.getMessages();
    messages.forEach(function(message) {
      var attachments = message.getAttachments();
      attachments.forEach(function(file) {
        folder.createFile(file);
      });
    });
  });
}
function saveGmailAttachments() {
  // 篩選來自指定寄件者、主旨含有「報表」、有附件，且是最近 7 天內的信件
  var threads = GmailApp.search('from:noreply@example.com subject:報表 has:attachment newer_than:7d');
  var folder = DriveApp.getFoldersByName("信件附件").next();

  threads.forEach(function(thread) {
    var messages = thread.getMessages();
    messages.forEach(function(message) {
      var attachments = message.getAttachments();
      attachments.forEach(function(file) {
        folder.createFile(file);
      });
    });
  });
}
```

▲ 程式碼範例

◆ 補充說明：

- 如果你要處理其他寄件者，可以修改 from:noreply@example.com

- 如果主旨關鍵字不同（例如「發票」或「報價單」），請改成 subject:發票

- 如果想改為抓 30 天內的信件,請改成 newer_than:30d
- 如果 Drive 中還沒有「信件附件」資料夾,請先建立,或修改為其他資料夾名稱

8.2.5 用 VBA 存 Outlook 附件(Windows 專用)

如果你用的是公司電腦裡的 Outlook,那 VBA 是最直接的方法。

◆ 範例程式:

```vba
Sub SaveOutlookAttachments()
    Dim olApp As Object
    Dim olNs As Object
    Dim Inbox As Object
    Dim Mail As Object
    Dim Atmt As Object
    Dim FilePath As String
    Dim SevenDaysAgo As Date

    FilePath = "C:\附件備份\"
    SevenDaysAgo = Now - 7

    Set olApp = CreateObject("Outlook.Application")
    Set olNs = olApp.GetNamespace("MAPI")
    Set Inbox = olNs.GetDefaultFolder(6)

    For Each Mail In Inbox.Items
        If Mail.Class = 43 Then ' 只處理郵件類型
            If Mail.ReceivedTime >= SevenDaysAgo Then
                If InStr(Mail.Subject, "報表") > 0 And InStr(Mail.SenderEmailAddress, "noreply@example.com") > 0 Then
                    If Mail.Attachments.Count > 0 Then
                        For Each Atmt In Mail.Attachments
                            Atmt.SaveAsFile FilePath & Atmt.FileName
                        Next
                    End If
                End If
            End If
        End If
    Next
End Sub
```

▲ 程式碼範例

◆ 補充說明：

- 預設會把附件儲存到 C:，請依實際需要修改 FilePath
- SevenDaysAgo = Now - 7 表示只處理最近七天內的信件，可以改成其他天數
- 若你的主旨關鍵字不同（如「發票」、「收據」），請修改 InStr(Mail.Subject, " 報表 ")
- 寄件者地址也可調整為你要指定的來源，例如 InStr(Mail.SenderEmailAddress, "hr@example.com")
- 請確認資料夾已存在，否則儲存會失敗

8.2.6 用 Python 處理 Gmail / Outlook 附件

這是最進階但也最彈性的方法，適合批次處理或進一步自動分類。

◆ Gmail 版本（用 IMAP + email 套件）

```
1   # 可修改的參數：
2   # - Gmail 帳號與應用程式密碼
3   # - 信件篩選條件（寄件者與主旨）
4   # - 附件儲存資料夾
5   # - 信件時間篩選天數（預設 7 天）
6   import imaplib, email, os
7   from email.utils import parsedate_to_datetime
8   from datetime import datetime, timedelta
9
10  username = "you@gmail.com"
11  password = "your_app_password"
12  output_dir = "attachments"
13
14  os.makedirs(output_dir, exist_ok=True)
15
16  mail = imaplib.IMAP4_SSL("imap.gmail.com")
17  mail.login(username, password)
18  mail.select("inbox")
19
20  status, messages = mail.search(None, '(FROM "noreply@example.com" SUBJECT "報表")')
21
22  seven_days_ago = datetime.now() - timedelta(days=7)
```

```
23
24   for num in messages[0].split():
25       status, data = mail.fetch(num, '(RFC822)')
26       msg = email.message_from_bytes(data[0][1])
27       msg_date = parsedate_to_datetime(msg["Date"])
28       if msg_date >= seven_days_ago:
29           for part in msg.walk():
30               if part.get_content_disposition() == 'attachment':
31                   filename = part.get_filename()
32                   if filename:
33                       filepath = os.path.join(output_dir, filename)
34                       with open(filepath, "wb") as f:
35                           f.write(part.get_payload(decode=True))
36
37   mail.logout()
```

▲ 程式碼範例

◆ 補充說明：

- 請將 username 和 password 替換成你自己的 Gmail 帳號與應用程式密碼

- 如需處理不同寄件者或主旨關鍵字，可修改 mail.search() 中的搜尋條件

- 若想擴大或縮短信件時間範圍，請調整 timedelta(days=7) 的數字

- 附件儲存路徑可透過 output_dir 設定，可自行指定其他資料夾名稱或路徑

◆ Outlook 版本（用 exchangelib 套件）

```python
# 可修改的參數：
# - Outlook 帳號與密碼
# - 信件篩選條件（主旨與寄件者）
# - 附件儲存資料夾
# - 時間篩選天數（預設為 7 天）
from exchangelib import Credentials, Account, Q
from datetime import datetime, timedelta
import os

creds = Credentials('your@email.com', 'your_password')
account = Account('your@email.com', credentials=creds, autodiscover=True)

save_path = "attachments"
os.makedirs(save_path, exist_ok=True)

seven_days_ago = datetime.now() - timedelta(days=7)

for item in account.inbox.filter(Q(subject__contains='報表') & Q(datetime_received__gt=seven_days_ago)):
    if 'noreply@example.com' in str(item.sender.email_address):
        for attachment in item.attachments:
            with open(os.path.join(save_path, attachment.name), 'wb') as f:
                f.write(attachment.content)
```

▲ 程式碼範例

◆ 補充說明：

- 請將 Credentials() 中的帳號密碼改成你自己的 Outlook 登入資訊，或設定 OAuth 流程以提高安全性
- subject__contains='報表' 可替換為其他主題篩選關鍵字
- 如果你想指定不同寄件者，可在 if 'noreply@example.com' in …中改成對應 email
- 若你要修改時間範圍，請調整 timedelta(days=7) 的天數
- 所有附件會存入 save_path 指定的資料夾

現在，你已經可以用三種不同工具，達成相同的任務：自動判斷、自動存檔。讓這份煩人的瑣事，從今天起永遠消失。

8-3 一鍵拆分表格：讓資料自動分類到不同工作表

當你有一份來自各地區業務的「母表」，想把不同地區的資料分別拆成獨立工作表（或檔案），手動操作不但耗時，也容易出錯。

本單元教你如何用 AI 搭配 Google Apps Script、Python 與 VBA，實現**自動依照地區拆表**的功能。

8.3.1 自動拆分流程圖

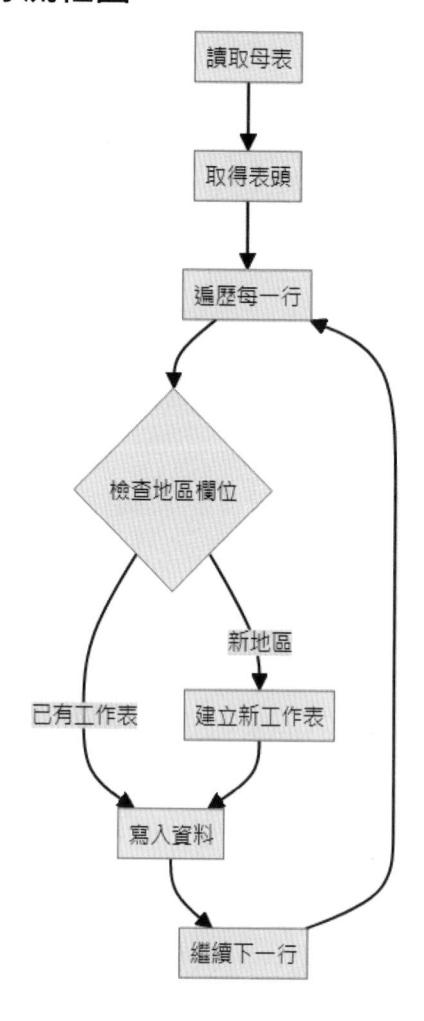

```
        讀取母表
           ↓
         取得表頭
           ↓
        遍歷每一行 ←──────┐
           ↓              │
       檢查地區欄位         │
        ╱     ╲           │
    已有工作表  新地區      │
        │      ↓          │
        │   建立新工作表    │
        ↓      ↓          │
         寫入資料          │
           ↓              │
         繼續下一行 ───────┘
```

8.3.2 三種方法的比較

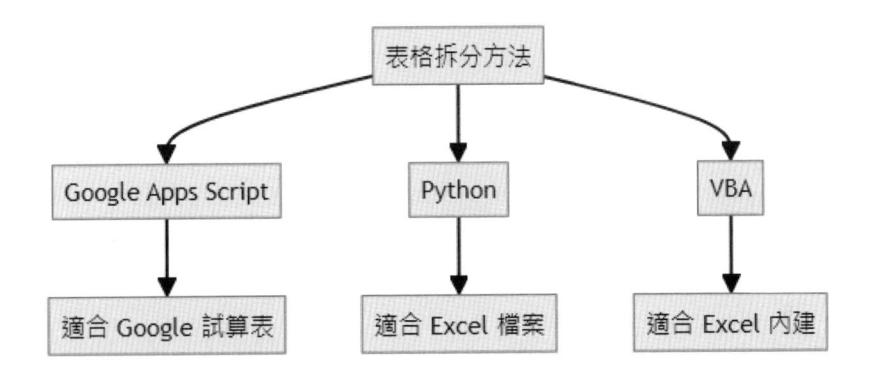

```
                  表格拆分方法
                 /      |      \
    Google Apps Script  Python   VBA
           |              |        |
    適合 Google 試算表  適合 Excel 檔案  適合 Excel 內建
```

8.3.3 使用說明：

請先準備一份「母表」，格式如下：

姓名	地區	銷售金額
小明	台北	1000
小美	高雄	2000
小王	台北	1500
小陳	台中	1200

我們的目標是把這張表依照「地區」欄位，自動拆成「台北」、「高雄」、「台中」三張子表，每張表只保留該地區的資料。

8.3.4 你可以自訂的參數：

以下三段程式碼中，都會註明可以修改的地方，例如：

- 要依據哪一欄拆分（例如：地區）
- 拆分出來的子表是否放在同一工作簿，或是產生成獨立檔案

8.3.5 Google Apps Script 範例

◆ 說明：

這段程式會將 Google 試算表中「母表」依照地區，拆成多個子工作表（在同一個試算表中）。如果你的工作表名稱不叫做「母表」，記得自己修改一下。

◆ 程式碼：

```
1  function splitSheetByRegion() {
2    const sheet = SpreadsheetApp.getActiveSpreadsheet().getSheetByName("母表");
3    const data = sheet.getDataRange().getValues();
4
5    const header = data[0];
6    const regionIndex = header.indexOf("地區"); // 如果要依其他欄拆分，請修改這裡
7    const regionMap = {};
8
9    // 分類資料
10   for (let i = 1; i < data.length; i++) {
11     const row = data[i];
12     const region = row[regionIndex];
13     if (!regionMap[region]) {
14       regionMap[region] = [];
15     }
16     regionMap[region].push(row);
17   }
18
19   const ss = SpreadsheetApp.getActiveSpreadsheet();
20
21   // 建立子表
22   for (let region in regionMap) {
23     let sheet = ss.getSheetByName(region);
24     if (!sheet) {
25       sheet = ss.insertSheet(region);
26     } else {
27       sheet.clear();
28     }
29     sheet.appendRow(header);
30     regionMap[region].forEach(row => {
31       sheet.appendRow(row);
32     });
33   }
34 }
```

▲ 程式碼範例

◆ 可修改參數：

- `getSheetByName(" 母表 ")`：母表名稱
- `indexOf(" 地區 ")`：依據哪一欄來拆分

8.3.6 Python（使用 pandas）範例

◆ 說明：

這段程式會讀取 Excel 母表，依地區拆分成多個 Excel 檔案（每個地區一個）。

◆ 程式碼：

```python
import pandas as pd

# 讀取母表
df = pd.read_excel("母表.xlsx")  # 請將檔案名稱改成自己的

# 拆分依據欄位
group_column = "地區"  # 如果要依其他欄位拆，請修改這裡

# 依地區分組後輸出成多個檔案
for region, group_df in df.groupby(group_column):
    output_file = f"{region}.xlsx"
    group_df.to_excel(output_file, index=False)
    print(f"{region} 檔案已建立")
```

▲ 程式碼範例

◆ 第 287　可修改參數：

- `" 母表 .xlsx"`：原始檔案名稱
- `group_column = " 地區 "`：依據的欄位名稱

8.3.7 Excel VBA 範例

◆ 說明：

這段程式會將目前工作表的資料依照地區拆成多個工作表。

8.3.8 程式碼：

```vba
Sub SplitByRegion()
    Dim ws As Worksheet
    Set ws = ThisWorkbook.Sheets("母表") ' 原始資料表
    Dim lastRow As Long, lastCol As Long
    lastRow = ws.Cells(ws.Rows.Count, 1).End(xlUp).Row
    lastCol = ws.Cells(1, ws.Columns.Count).End(xlToLeft).Column

    Dim header As Range
    Set header = ws.Range(ws.Cells(1, 1), ws.Cells(1, lastCol))

    Dim dict As Object
    Set dict = CreateObject("Scripting.Dictionary")

    Dim i As Long
    For i = 2 To lastRow
        Dim region As String
        region = ws.Cells(i, 2).Value ' 第2欄是地區，如有變動可調整

        If Not dict.exists(region) Then
            dict.Add region, Nothing
            Dim newSheet As Worksheet
            Set newSheet = ThisWorkbook.Sheets.Add(After:=Worksheets(Worksheets.Count))
            newSheet.Name = region
            header.Copy Destination:=newSheet.Range("A1")
        End If

        ws.Rows(i).Copy Destination:=Worksheets(region).Cells(Rows.Count, 1).End(xlUp).Offset(1)
    Next i
End Sub
```

▲ 程式碼範例

◆ 可修改參數：

- `Set ws = ThisWorkbook.Sheets(" 母表 ")`：母表名稱
- `region = ws.Cells(i, 2).Value`：這裡假設「地區」在第 2 欄，如有不同請改欄位編號

8.3.9 如何延伸：

以上三種語言都可以幫你完成「依欄位拆表」這個常見需求。

如果你不熟程式，沒關係，這些客製化需求你都可以請 AI 幫你：

- 修改「母表名稱」
- 改成依「部門」或「產品類別」拆分
- 輸出到指定資料夾或 Google Drive 路徑

◆ 你可以這樣問 AI：

如果你已經有基本的拆表程式碼，但想要客製成自己的需求，可以直接請 AI 幫你改寫，像這樣問：

> 請幫我修改這段 Google Apps Script 程式碼，把「母表」改成「2024 業績總表」，並且不是拆成多個子工作表，而是每個地區輸出成一個新的 Google 試算表檔案，每個新檔案都儲存到我的 Google 雲端硬碟「業績分析」資料夾中。

或者你用 Python 的話，也可以問：

> 請幫我修改這段 Python 程式碼，把 group_column = "地區" 改成依「部門」拆分，並將每個輸出的 Excel 檔案加上今天的日期，例如「財務部_2025-04-13.xlsx」。

就算你完全不懂程式語法也沒關係，只要把你的需求說清楚，AI 會幫你變出正確的程式碼。

8-4 一鍵匯總表格：讓多個試算表的分頁集中到一個檔案

你是不是也曾經收到一整個資料夾的報表，每一份都在不同的檔案中，每個檔案裡還可能有好幾個分頁？這時如果還用手動複製貼上，不只浪費時間，也容易出錯。這一章，我們就來教你怎麼用 AI 協助產生程式碼，實現「一鍵匯總」的魔法，無論你用的是 Google Sheets、Excel VBA，還是 Python，都能輕鬆搞定！

8.4.1 自動匯總流程圖

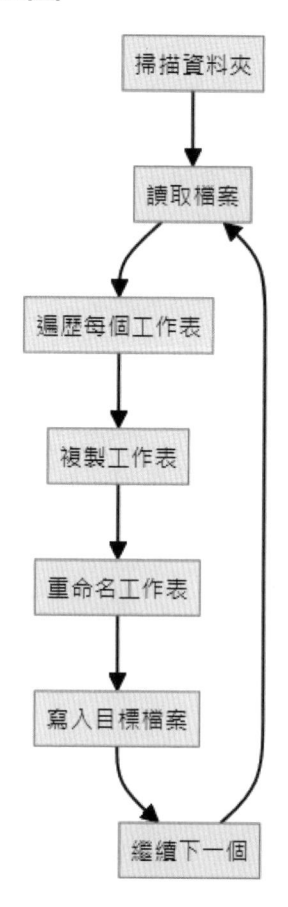

```
掃描資料夾
    ↓
  讀取檔案 ←────┐
    ↓          │
遍歷每個工作表  │
    ↓          │
  複製工作表    │
    ↓          │
 重命名工作表   │
    ↓          │
 寫入目標檔案   │
    ↓          │
  繼續下一個 ───┘
```

8.4.2 三種方法的比較

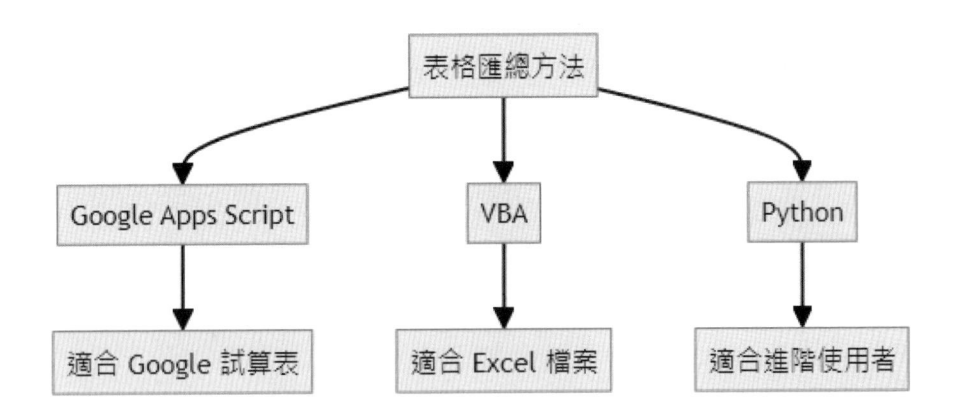

```
                    表格匯總方法
                    /     |     \
        Google Apps Script  VBA   Python
                |           |         |
         適合 Google 試算表  適合 Excel 檔案  適合進階使用者
```

8.4.3 你可以這樣問 AI：

如果你不知道怎麼寫這段「一鍵整合所有報表」的程式，其實直接開口問 AI 就行了！

你可以這樣問：

> 請幫我寫一段 Google Apps Script，把某個 Google Drive 資料夾裡所有的 Google Sheets，每個檔案的所有分頁都複製到我目前這份 Sheet 裡，分頁名稱要加上原始檔名，以免重複。

或者，如果你想用 Excel VBA，也可以這樣問：

> 幫我寫一段 VBA，讀取某個資料夾中所有的 Excel 檔，然後把每個檔案裡的所有工作表都複製到目前這份檔案裡，記得加上原始檔名當工作表名稱前綴，避免重複。

Python 的版本也不難，像這樣問就可以：

> 用 Python 搭配 openpyxl 幫我寫一段程式，把一個資料夾中的所有 .xlsx 檔案的所有分頁都讀出來，然後集中寫入一個新的 Excel 檔，每個分頁名稱加上原檔案名和原分頁名，避免混淆。

就這麼簡單，不需要背語法、不用研究函式庫，一句話講出你的需求，AI 就能幫你組裝出實用的自動化程式碼。

8-5 Google Apps Script 範例：整合 Google Drive 資料夾中所有 Sheets 的分頁

8.5.1 使用情境：

你有一個 Google Drive 資料夾，裡面存放了多個 Google Sheets，每個 Sheet 裡可能有好幾個工作表（tab）。

你想把這些 tab 的內容，通通複製到目前這份 Sheet 的新分頁中，以便集中管理和分析。

8.5.2 程式碼說明：

```
function mergeAllSheetsFromDriveFolder() {
  const folderId = 'YOUR_FOLDER_ID'; // 請填入你的資料夾 ID
  const folder = DriveApp.getFolderById(folderId);
  const files = folder.getFilesByType(MimeType.GOOGLE_SHEETS);
  const destinationSpreadsheet = SpreadsheetApp.getActiveSpreadsheet();

  while (files.hasNext()) {
    const file = files.next();
    const sourceSpreadsheet = SpreadsheetApp.openById(file.getId());
    const sheets = sourceSpreadsheet.getSheets();

    sheets.forEach(sheet => {
      const copiedSheet = sheet.copyTo(destinationSpreadsheet);
      copiedSheet.setName(file.getName() + ' - ' + sheet.getName());
    });
  }

  SpreadsheetApp.flush();
  Logger.log("所有工作表都已成功匯總！");
}
```

▲ 程式碼範例

8.5.3 操作提醒：

- 你需要知道資料夾的 ID（從網址複製 folders/ 後面的那串字）。
- 匯入的分頁會加上來源檔名，避免重名衝突。
- 這段程式碼執行後，你的現有工作表不會被覆蓋，只會新增新分頁。

8-6 VBA 範例：整合資料夾中所有 Excel 檔案的所有工作表

8.6.1 使用情境：

你有一個本機資料夾，裡面有多個 `.xlsx` 檔案。你想要將這些 Excel 檔案中的所有工作表，複製到目前這份 Excel 檔案中。

8.6.2 程式碼說明：

```vba
Sub MergeAllSheetsFromFolder()
    Dim folderPath As String
    Dim filename As String
    Dim wbSource As Workbook
    Dim ws As Worksheet

    folderPath = "C:\YourFolderPath"
    If Right(folderPath, 1) <> "" Then folderPath = folderPath & ""
    filename = Dir(folderPath & "*.xlsx")

    Do While filename <> ""
        If filename <> ThisWorkbook.Name Then
            Set wbSource = Workbooks.Open(folderPath & filename)
            For Each ws In wbSource.Worksheets
                ws.Copy After:=ThisWorkbook.Sheets(ThisWorkbook.Sheets.Count)
                ThisWorkbook.Sheets(ThisWorkbook.Sheets.Count).Name = wbSource.Name & "_" & ws.Name
            Next ws
            wbSource.Close False
        End If
        filename = Dir
    Loop

    MsgBox "Completed! "
End Sub
```

▲ 程式碼範例

8.6.3 操作提醒：

- 路徑請改成你電腦上資料夾的實際位置。
- 程式會跳過目前這份 Workbook，避免自己複製自己。
- 匯入的工作表會加上檔名當前綴。

8-7 Python 範例（搭配 openpyxl）：整合本機資料夾中所有 Excel 分頁

8.7.1 使用情境：

你有一個資料夾，裡面是一些 Excel 檔案。你希望用 Python，把這些 Excel 裡的每個工作表，都複製到一個新的 Excel 檔案裡集中管理。

8.7.2 程式碼說明：

```python
import os
from openpyxl import load_workbook, Workbook

source_folder = 'C:/YourFolderPath/'  # 替換成你的資料夾路徑
output_file = 'merged_result.xlsx'
wb_output = Workbook()
ws_output = wb_output.active
ws_output.title = "Merged_Summary"
first_sheet = True

for file in os.listdir(source_folder):
    if file.endswith('.xlsx') and file != output_file:
        file_path = os.path.join(source_folder, file)
        wb = load_workbook(file_path)
        for sheet_name in wb.sheetnames:
            ws = wb[sheet_name]
            new_sheet = wb_output.create_sheet(title=f"{file}_{sheet_name}")
            for row in ws.iter_rows(values_only=True):
                new_sheet.append(row)

# 移除預設建立的第一個空白分頁（如果還在的話）
if 'Sheet' in wb_output.sheetnames:
    del wb_output['Sheet']

wb_output.save(os.path.join(source_folder, output_file))
print("匯總完成！")
```

▲ 程式碼範例

8.7.3 操作提醒：

- 記得用這個指令安裝 openpyxl：`pip install openpyxl`
- 每個檔案與分頁都會分別建立新分頁，名稱標明來源，方便追蹤。
- 支援基本文字與數字內容匯入，公式不會帶入。

8-8 小結與加碼建議

這種「一鍵整合」的技巧非常實用，尤其適合：

- 報表彙整、分公司資料合併
- 多人填報表單後的總結
- 大型計畫多份子報表集中分析 -

進階玩法還可以加上：

- 自動過濾資料範圍（例如只要某些欄位）
- 自動加上來源註記（例如每列最後加上「來自哪個檔案」）
- 自動整理後寄出 email 給主管

而這些功能，只要你掌握一點點 AI 幫你生成程式碼的技巧，就都能自己做出來！快動手試試看吧

第9章

自動化案例 - 溝通行銷與通知提醒類

9-1 自動寄送客製化信件或廣告

9.1.1 合併信件寄送（mail merge）

在日常工作中,有很多場合需要「一樣的內容,但收件人不同」的郵件寄送。例如:

- 行政人員發送每月會議通知
- 行銷人員寄出活動邀請函
- 教育訓練單位寄出成績單或學習紀錄

手動一封封寄信,不但浪費時間,還容易出錯。所以就有了「合併信件」的概念,把個人化資料合併進信件模板,再把信寄出。而這個繁瑣的設定也可以用「程式 + AI」來快速完成!

本節會示範:

- 如何設計寄信的資料格式（名單 + 模板）
- 如何向 AI 說明需求並產生程式（GAS / VBA / Python）
- 各語言版本如何準備檔案、程式放哪裡寫
- 如何測試與除錯

提醒大家:執行前,建議先拿自己的 email 少量試跑,確認一切符合預期後再拿真正的送件者 email 來寄送。避免誤寄。

9.1.2 你可以這樣問 AI:

「我有一個 Excel（或 Google Sheets）名單,裡面有姓名、Email、部門、業績這幾欄,我想要寄一封信給每個人,信件內容是根據這些欄位套用在模板裡的個人化信。請幫我用（某個程式語言）寫一段可以自動寄信的程式碼。」

9.1.3 準備寄信名單與模板

首先,我們需要準備一份寄信名單,這是自動化的關鍵資料來源。

- 如果你用 Google Apps Script(GAS):請用 Google Sheets 建一張工作表,命名為「名單」。
- 如果你用 VBA:請在 Excel 檔案中建立一張工作表,名稱也是「名單」。
- 如果你用 Python:請用 Excel 或 CSV 格式儲存名單,例如一個檔案叫做 名單.xlsx。

名單內容如下:

姓名	Email	部門	業績
小明		業務部	100 萬
小美		行銷部	80 萬

然後我們想寄出這樣的信件內容:

```
1  主旨:{{姓名}},本月成績很棒!
2  內容:親愛的 {{姓名}},您在{{部門}}的表現非常優秀,本月業績達到 {{業績}},請繼續保持!
```

▲ 程式碼範例

這種做法稱**信件模板**,只要替換 {{ 欄位名稱 }} 就能變出很多客製化的信件。

9.1.4 Google Apps Script 範例（GAS）

```
1   function sendCustomEmails() {
2     var sheet = SpreadsheetApp.getActiveSpreadsheet().getSheetByName("名單");
3     var data = sheet.getDataRange().getValues();
4   
5     for (var i = 1; i < data.length; i++) {
6       var name = data[i][0];
7       var email = data[i][1];
8       var dept = data[i][2];
9       var sales = data[i][3];
10  
11      var subject = name + "，本月成績很棒！";
12      var body = "親愛的 " + name + "，您在" + dept + "的表現非常優秀，本月業績達到 " + sales + "，請繼續保持！";
13  
14      MailApp.sendEmail(email, subject, body);
15    }
16  }
```

▲ 程式碼範例

要寄信，只要點擊執行 (Run)，就會自動一封封寄出。

9.1.5 VBA 範例（Excel + Outlook）

這段程式碼要放在 Excel 的 VBA 編輯器中（按下 Alt + F11），插入模組並貼上。

```
1   Sub SendEmails()
2     Dim OutlookApp As Object
3     Dim Mail As Object
4     Dim ws As Worksheet
5     Dim i As Long
6   
7     Set OutlookApp = CreateObject("Outlook.Application")
8     Set ws = ThisWorkbook.Sheets("名單")
9   
10    i = 2
11    Do While ws.Cells(i, 1).Value <> ""
12      Dim name As String, email As String, dept As String, sales As String
13      name = ws.Cells(i, 1).Value
14      email = ws.Cells(i, 2).Value
15      dept = ws.Cells(i, 3).Value
16      sales = ws.Cells(i, 4).Value
17  
18      Set Mail = OutlookApp.CreateItem(0)
19      With Mail
20        .To = email
21        .Subject = name & "，本月成績很棒！"
22        .Body = "親愛的 " & name & "，您在" & dept & "的表現非常優秀，本月業績達到 " & sales & "，請繼續保持！"
23        .Send
24      End With
25  
26      i = i + 1
27    Loop
28  End Sub
```

▲ 程式碼範例

9.1.6 Python 範例（Excel + SMTP）

◆ 需要準備的東西：

- 一份 Excel 名單（檔名如：名單.xlsx）
- 安裝 Python 與 pandas 套件
- 你自己的 Email 帳號（建議使用 Gmail）

◆ 什麼是 SMTP？

SMTP 是一種寄信的通訊方式，簡單來說：就像寄信的郵局。你需要告訴程式：

- 郵局地址（例如 Gmail 的 smtp.gmail.com）
- 登入這個郵局用的帳號密碼

然後程式就可以幫你把信件送出去！

```python
import pandas as pd
import smtplib
from email.mime.text import MIMEText

# 讀取 Excel 名單
df = pd.read_excel("名單.xlsx")

# SMTP 設定
smtp_server = "smtp.gmail.com"
smtp_port = 587
sender_email = "your_email@gmail.com"
sender_password = "your_password"  # 可搭配 App 密碼設定更安全

server = smtplib.SMTP(smtp_server, smtp_port)
server.starttls()
server.login(sender_email, sender_password)

for index, row in df.iterrows():
    name = row["姓名"]
    email = row["Email"]
    dept = row["部門"]
    sales = row["業績"]

    subject = f"{name}, 本月成績很棒！"
    body = f"親愛的 {name}, 您在 {dept} 的表現非常優秀，本月業績達到 {sales}，請繼續保持！"
```

```
27      msg = MIMEText(body)
28      msg["Subject"] = subject
29      msg["From"] = sender_email
30      msg["To"] = email
31
32      server.sendmail(sender_email, email, msg.as_string())
33
34      server.quit()
```

▲ 程式碼範例

⚠ 有些信箱（例如 Gmail）需要設定「應用程式密碼」才能讓程式寄信。請記得打開兩階段驗證，然後去 Google 帳號設定 App Password。

9.1.7 延伸應用

你還可以依據自己的實際需求，加入以下功能：

- 加入條件判斷：只寄給業績超過某門檻的人
- 使用 HTML 模板美化信件格式
- 結合定時排程自動寄信（GAS Trigger / Windows Task / crontab）
- 將發送紀錄寫入另一張工作表 / 檔案中備查

怎麼加？只要照這個模板問 AI：

> 「這是我目前的程式：{貼上程式碼}，我想要加入這個功能：＿＿＿＿＿＿＿＿＿＿＿＿＿＿，請幫我修改程式碼。」

不管你是使用 Google Sheets、Excel，還是純資料檔案，搭配 GenAI 和上述任一語言，都能輕鬆打造自己的「一人郵件中心」。

最棒的是——只要會問 AI，這些程式都能幫你寫好寫滿。

9-2 自動追蹤信件成效

寄一封信很簡單，寄一百封信也還行。

但如果你想知道「到底是誰點了信裡的連結？」事情就開始變得稍微有點技術門檻了。

別擔心，這一章要教你的，就是：**如何讓每個收件人都收到專屬連結**，然後**當他們點擊時，你能夠記錄下來**。

而且——你不用自己寫完整的程式碼，因為你有 AI 幫你寫。

9.2.1 什麼是「個人化連結」？

所謂個人化連結，就是針對每一位收件人，產出一條獨特的網址。

例如：

```
1   https://yourwebsite.com/page?user=henry
```

▲ 程式碼範例

或是：

```
1   https://your-tracker.com/click?id=abc123
```

▲ 程式碼範例

你寄給 Henry 的信裡是 `?user=henry` 你寄給 Lisa 的信裡是 `?user=lisa`

看起來一樣的連結，其實都「藏有身份資訊」。當他們點了連結，你的程式就能知道「喔！這是 Henry 點的」。

9.2.2 為什麼要這麼做？

這種方式的用途非常多：

- 寄電子報時，想知道誰點了哪個連結，對哪些主題有興趣
- 活動報名頁面，讓點連結的人自動填好身份資訊
- 問卷調查時，不用讓對方再輸入名字或 email
- 發送會員專屬連結，避免他人轉傳使用

一旦你知道「誰點了什麼」，你就能做出更聰明的後續動作。

9.2.3 整體實作流程（新手友善版本）

我們會用 Google Sheets + Google Apps Script + Mail Merge 的方式來完成。

步驟如下：

◆ 第一步：建立一個能記錄點擊的 Google Apps Script Web App

這個 Web App 的功能是：當有人點連結，就記錄下時間與身份，然後再導向到真正的內容頁面。

你可以用 AI 幫你產出這段程式碼：

```javascript
function doGet(e) {
  var code = e.parameter.code;
  var sheet = SpreadsheetApp.openById("你的 Google Sheet ID").getSheetByName("Log");

  // 查表取得 email
  var mappingSheet = SpreadsheetApp.openById("你的 Google Sheet ID").getSheetByName("Mapping");
  var data = mappingSheet.getDataRange().getValues();
  var email = "未知";
  for (var i = 1; i < data.length; i++) {
    if (data[i][1] == code) { // 第二欄是代碼欄
      email = data[i][0];   // 第一欄是 email 欄
      break;
    }
  }

  sheet.appendRow([new Date(), email, code]);

  return HtmlService.createHtmlOutput("請稍候,自動跳轉中...")
    .append("<script>window.location.href='https://你的內容頁面.com';</script>");
}
```

▲ 程式碼範例

這段程式的重點是:接收到網址的參數 ?code=xxx 後,查詢一張對照表,找出對應的 email,並記錄下來。

◆ 第二步:準備收件人名單與代碼對照表

在 Google Sheets 裡建立一張表單,例如:

Mapping 工作表:

Email	代碼
henry@example.com	ab3f91z
lisa@example.com	29fjz88
jack@example.com	7g8h1a0

這些代碼也可以請 AI 幫你產生隨機字串,也可以用 =RANDBETWEEN( ) 搭配 DEC2HEX( ) 自己產生。

◆ 第三步：為每個人產出個人化連結

新增一欄 " 專屬連結 "：

Email	代碼	專屬連結
henry@example.com	ab3f91z	https://script.google.com/.../exec?code=ab3f91z

你可以用公式：

```
1  = "https://script.google.com/macros/s/你的部署 ID/exec?code=" & B2
```

▲ 程式碼範例

◆ 第四步：合併寄信（Mail Merge）

接下來使用 Google Sheets 的 Mail Merge 技巧，將 " 專屬連結 " 自動塞進每封信中。

你可以搭配這個簡單的範本程式：

```
1   function sendEmails() {
2     var sheet = SpreadsheetApp.getActiveSpreadsheet().getSheetByName("Mapping");
3     var data = sheet.getDataRange().getValues();
4
5     for (var i = 1; i < data.length; i++) {
6       var email = data[i][0];
7       var code = data[i][1];
8       var link = "https://script.google.com/macros/s/你的ID/exec?code=" + code;
9
10      var subject = "你的專屬活動邀請";
11      var body = "Hi: \n\n這是你的專屬連結：" + link + "\n\n請勿轉傳。";
12
13      MailApp.sendEmail(email, subject, body);
14    }
15  }
```

▲ 程式碼範例

這段程式會針對每一筆資料，自動寄出一封包含個人專屬連結的信件。

9.2.4 點擊紀錄長什麼樣子？

這會寫到你設定好的「Log」工作表裡：

時間	Email	Code
2025-04-13 09:23:11	henry@example.com	ab3f91z
2025-04-13 09:24:07	lisa@example.com	29fjz88

你可以加上條件格式、篩選、甚至做成圖表，看誰點了幾次、哪些人還沒點。

9.2.5 常見進階應用

- 加入 UTM 參數追蹤：在 redirect 時幫你導向到有 UTM 的網站
- 加上 IP、User-Agent 等額外資訊（可記錄於 doGet）
- 轉換成 QR Code 發送實體郵件邀請
- 設定一次性使用連結（點完即失效）

這些進階技巧，可以等你熟悉之後再慢慢加上。

9.2.6 小結

你現在學會了：

- 什麼是個人化連結，為什麼它有價值
- 如何用 Google Apps Script 寫一個簡單的點擊追蹤 Web App
- 如何產出每個人的專屬連結並合併發信
- 如何在 Sheet 裡紀錄與管理點擊紀錄

這些技巧，讓你在做行銷、自動化、問卷、內部通知等場合，都能更加「個人化」，也更有追蹤力。

9-3 任務管理：日期快到就自動提醒你

你可能也曾用 Excel 或 Google Sheets 來記錄手上的待辦事項。像這樣的格式是不是很常見：

	A	B	C	D	E	F
1	任務名稱	負責人	任務描述	截止日期	狀態	最後提醒日期
2	設計首頁	小明	完成網站首頁的設計	2025/03/29	未完成	
3	撰寫文案	小美	行銷素材文案撰寫	2025/03/22	已完成	2025/03/20
4	拍攝影片	小張	商品介紹影片製作	2025/03/23	未完成	2025/3/22

▲ 試算表任務清單範例

這樣的表格好用是好用，但有個小問題 —— **你必須每天打開它來確認哪些任務快到期了。**

如果你一忙起來忘記看表，事情一拖，就容易變成臨時抱佛腳，甚至錯過截止日。

這時候，我們就可以用一小段程式，請 Google 自動幫我們檢查表格中的「任務截止日」，只要發現有任務快到期，就主動寄提醒信來通知我們！

9.3.1 我們的任務清單有哪些欄位？

先來看一下試算表裡的欄位：

欄位	說明
任務名稱	這個任務的標題
負責人	誰要負責這項任務
任務描述	補充說明一下任務內容
截止日期	這件事最晚要在什麼時候完成
狀態	寫「未完成」或「已完成」
最後提醒日期	系統什麼時候提醒過這項任務（系統自動填）

9.3.2 程式在做什麼？

我們的程式邏輯很簡單：

打開試算表一列一列讀取資料

如果：

- 任務還沒完成
- 距離截止日只剩 2 天（或更少）
- 而且之前沒提醒過

→ 那就發一封 email，提醒負責人！

這是程式的核心部分（你可以直接貼上）：

```javascript
function checkAndSendReminders() {
  const sheet = SpreadsheetApp.getActiveSpreadsheet().getSheetByName("任務清單");
  const data = sheet.getDataRange().getValues();
  const today = new Date();
  const reminderThreshold = 2; // 幾天內到期就提醒
  const email = Session.getActiveUser().getEmail(); // 預設寄給自己（可改為其他人）

  for (let i = 1; i < data.length; i++) {
    const taskName = data[i][0];
    const assignee = data[i][1];
    const description = data[i][2];
    const dueDate = new Date(data[i][3]);
    const status = data[i][4];
    const lastReminder = data[i][5];

    const daysLeft = Math.ceil((dueDate - today) / (1000 * 60 * 60 * 24));
    const isDueSoon = daysLeft >= 0 && daysLeft <= reminderThreshold;
    const isNotYetReminded = !lastReminder;
    const isIncomplete = status === "未完成";

    if (isIncomplete && isDueSoon && isNotYetReminded) {
      const subject = `任務提醒: ${taskName} 即將到期！`;
      const body = `您好，
\n這是一則自動通知，提醒您任務「${taskName}」即將於 ${formatDate(dueDate)} 到期。
\n任務負責人：${assignee}
任務內容：${description}
截止日期：${formatDate(dueDate)}
\n請盡快確認處理，謝謝！
\n—— 自動化任務提醒系統`;

      MailApp.sendEmail(email, subject, body);
      sheet.getRange(i + 1, 6).setValue(new Date()); // 寫入提醒日期（F欄）
    }
  }
}

function formatDate(date) {
  return Utilities.formatDate(date, Session.getScriptTimeZone(), "yyyy/MM/dd");
}
```

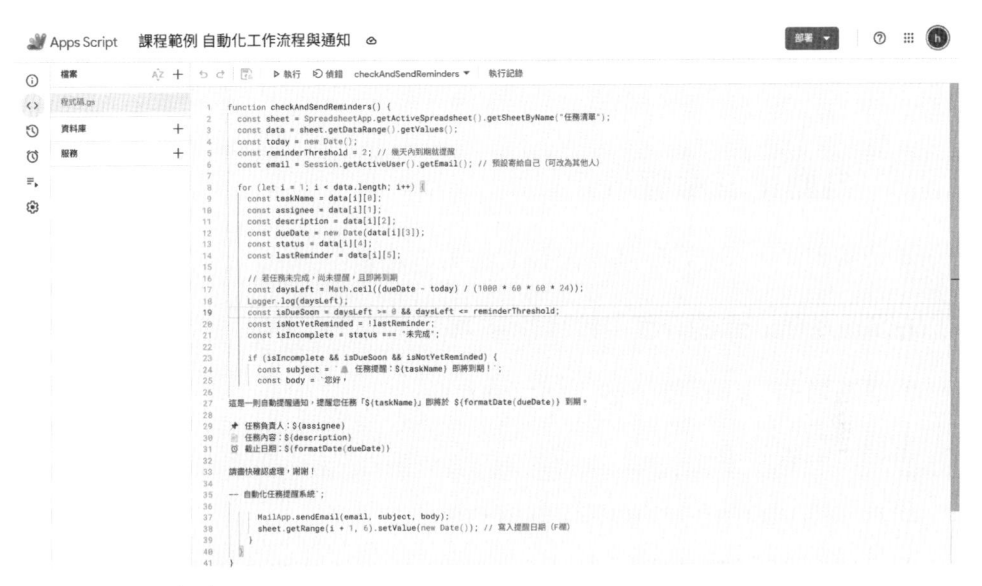

```
function checkAndSendReminders() {
  const sheet = SpreadsheetApp.getActiveSpreadsheet().getSheetByName("任務清單");
  const data = sheet.getDataRange().getValues();
  const today = new Date();
  const reminderThreshold = 2; // 幾天內快到期就提醒
  const email = Session.getActiveUser().getEmail(); // 預設寄給自己（可改為其他人）

  for (let i = 1; i < data.length; i++) {
    const taskName = data[i][0];
    const assignee = data[i][1];
    const description = data[i][2];
    const dueDate = new Date(data[i][3]);
    const status = data[i][4];
    const lastReminder = data[i][5];

    // 若任務未完成，尚未提醒，且即將到期
    const daysLeft = Math.ceil((dueDate - today) / (1000 * 60 * 60 * 24));
    Logger.log(daysLeft);
    const isDueSoon = daysLeft >= 0 && daysLeft <= reminderThreshold;
    const isNotYetReminded = !lastReminder;
    const isIncomplete = status === "未完成";

    if (isIncomplete && isDueSoon && isNotYetReminded) {
      const subject = `⚠ 任務提醒 即將到期！${taskName}`;
      const body = `您好，

這是一封自動提醒通知，提醒您任務「${taskName}」即將於 ${formatDate(dueDate)} 到期。

★ 任務負責人：${assignee}
📋 任務內容：${description}
⏰ 截止日期：${formatDate(dueDate)}

請盡快確認處理，謝謝！

— 自動化任務提醒系統`;

      MailApp.sendEmail(email, subject, body);
      sheet.getRange(i + 1, 6).setValue(new Date()); // 寫入提醒日期 (F欄)
    }
  }
}
```

▲ 觸發器設定介面

9.3.3 小技巧：程式怎麼知道要提醒誰？

```
const email = Session.getActiveUser().getEmail();
```

▲ 程式碼範例

這行的意思是：「把提醒信寄給目前執行這段程式的使用者」。你也可以手動指定其他信箱，例如：

```
const email = "yourname@example.com";
```

9.3.4 提醒後，自動記錄提醒日期

你有沒有發現程式裡有這一行？

```
sheet.getRange(i + 1, 6).setValue(new Date());
```

▲ 程式碼範例

這是把現在的日期寫進去「最後提醒日期」這一欄，目的是為了避免一直重複發信。

9.3.5 自動化怎麼實現？

最後一步最關鍵 —— 我們要讓這段程式每天自動執行！

你可以在 Apps Script 的介面中這樣設定：

- 點選左邊的「時程觸發器（Triggers）」
- 新增一個觸發器
- 設定執行 checkAndSendReminders 這個函式
- 執行頻率選「時間驅動」→「日計時器」→ 你喜歡的時間（例如早上 9 點）

▲ 時程觸發器設定範例

這樣每天早上，你就會收到系統幫你寄來的提醒信，而不需要再手動打開試算表查看。

9.3.6 小結：從表格到自動提醒，只差這一段程式

這是一個很實用的自動化範例，讓 Google Sheets 不只是被動記錄資料，而是變成一個主動出擊的小秘書，幫你掌握每一個任務時程！

下一步，我們可以試試看 —— 把提醒信改成寄給「每個負責人」，甚至寄到 Slack、LINE 或 Google Chat。讓提醒這件事變得更即時、更方便！

9-4 自動觸發通知訊息

你不在電腦前，系統卻自動幫你通知團隊發生了什麼事——這種感覺是不是有點像你有個隱形小助手？

這一單元，我們就來教你怎麼讓程式「自己」在特定條件下自動傳訊息給你或團隊。比方說：

- 每天早上 9 點傳送行事曆提醒
- 表單收到回應後馬上通知你
- 當資料達到某個條件時，自動警示
- 或是你只想給自己一個小提醒：「嘿，別忘了今天的目標！」

9.4.1 三種程式語言的選擇

在這個單元，我們會提供三種語言的範例：

- **Google Apps Script**：最適合 Google 生態系的通知（如：表單、試算表、日曆）。
- **Python**：彈性高，可以做各種排程任務與自動通知。
- **VBA**：比較受限，適合在 Excel 桌面版中做些本機通知（不太適合用來串外部通知服務，等下會說明為什麼）。

9.4.2 常見通知平台有哪些？

平台	適合用途	支援方式說明
Slack	團隊溝通、任務通知	提供 Webhook，設定略複雜但彈性高
Google Chat	Google Workspace 團隊使用者	用 Webhook 整合，很適合搭配 Apps Script
Telegram Bot	自己架 bot，或通知私人頻道/群組	最自由，但需要先建立 bot 並設定權限
Discord Webhook	遊戲社群、專案團隊都常用	提供 Webhook，介面簡單易用

提醒：LINE Notify 已無法再使用，自從 LINE 官方把這個服務停掉之後，若要在 LINE 上自動通知，建議改用建立 LINE bot（即類似 LINE 官方帳號）的方式，但這個流程對初學者來說門檻較高，包含必須註冊 LINE Developers 帳號、建立 Messaging API channel、取得權杖、處理 webhook 驗證流程，且免費額度有限。因此此處不推薦使用 LINE，改為推薦其他更容易上手的平台。若你這些簡單的平台都能得心應手，而且願意花一點錢，再做 LINE 的自動化通知也不遲。

9.4.3 如何取得 Webhook 或權杖（Token）？

◆ Slack Webhook

你有兩種方式可以讓 Slack 接收自動訊息：

方法一：使用 Incoming Webhooks（需要建立 App）

- 登入你的 Slack Workspace
- 開啟 Incoming Webhooks

- 建立一個 App 並選擇你要發送的頻道
- 啟用 Webhook 功能，即可取得 URL

方法二：使用 Workflow Builder（不需寫程式，也不用建 App）

- 在 Slack 中點選右上角個人頭像 >「Tools」>「Workflow Builder」
- 建立一個新的 Workflow，可選擇觸發條件（例如：每天某個時間、自訂按鈕、表單送出等）
- 新增步驟為「Send a message」即可傳送通知至指定頻道

Workflow Builder 適合不會寫程式的使用者操作，但功能上會受到內建選項限制。若要完全自訂訊息內容與條件，還是建議使用 Webhook 串接程式。

◆ **Google Chat Webhook**

- 到 Google Chat，新增一個聊天室（或使用既有聊天室）
- 點選聊天室名稱旁的「Space Settings」>「Apps and integrations」>「Add webhooks」
- 新增 Webhook，填入名稱，複製產生的 URL 即可使用

◆ **Telegram Bot**

- 在 Telegram 搜尋 @BotFather，依指示建立一個新 bot
- 取得 Bot Token
- 使用 https://api.telegram.org/bot{ 你的 Token}/getUpdates 找出 chat_id

◆ **Discord Webhook**

- 開啟 Discord 頻道設定 > 整合 > Webhook

- 建立一個新的 Webhook，選擇要通知的頻道
- 複製 Webhook URL，即可使用 f=

9.4.4 使用 Google Apps Script 自動發送通知

◆ 範例：當表單有回覆時，自動通知 Google Chat

```javascript
function onFormSubmit(e) {
  const message = { text: `收到一筆新回覆： ${e.namedValues["你的問題"]}` };
  const webhookUrl = "你的 Google Chat Webhook URL";

  const options = {
    method: "post",
    contentType: "application/json",
    payload: JSON.stringify(message)
  };
  UrlFetchApp.fetch(webhookUrl, options);
}
```

▲ 程式碼範例

可透過「擴充功能 > Apps Script」開啟編輯器，並設定表單觸發條件為 onFormSubmit。

9.4.5 使用 Python 自動發送通知

Python 適合跑在自己電腦或雲端排程器上，如果你有特定時間要傳送通知，就很適合用它。

◆ 範例：每天早上 9 點自動傳送 Slack 訊息

```python
import requests

webhook_url = "你的 Slack Webhook URL"
message = { "text": "早安！今天也要加油喔 💪" }
requests.post(webhook_url, json=message)
```

▲ 程式碼範例

◆ 範例：傳送 Telegram Bot 訊息

```
import requests

bot_token = "你的 Bot Token"
chat_id = "你的 Chat ID"
message = "這是來自 Python 的通知訊息"

url = f"https://api.telegram.org/bot{bot_token}/sendMessage"
params = {"chat_id": chat_id, "text": message}
requests.get(url, params=params)
```

▲ 程式碼範例

◆ 範例：傳送 Discord 訊息

```
import requests

webhook_url = "你的 Discord Webhook URL"
message = {"content": "🔔 新通知來了！這是來自 Discord 的自動訊息"}
requests.post(webhook_url, json=message)
```

▲ 程式碼範例

9.4.6　使用 VBA 傳送通知？嗯…不太推薦

VBA 雖然也可以用來存取網址、傳送 HTTP 請求，但過程非常不直覺，還需要使用 Windows API 或額外引用庫。

◆ 為什麼不推薦？

- **無法保證跨電腦可執行**：安全性設定容易擋掉執行。
- **HTTPS、Token 驗證很麻煩**：串接外部服務體驗不佳。
- 更適合做本機彈跳通知或寄出 Outlook 郵件。

◆ 如果只是想在 Excel 內提醒自己,可以讓 Excel 跳出一個訊息小視窗:

```
1  Sub ShowReminder()
2      MsgBox "今天要記得開會喔! ", vbInformation, "提醒"
3  End Sub
```

▲ 程式碼範例

想做到真正自動通知的話,建議改用 Python 或 Google Apps Script。

9.4.7 總結

這一個單元列了很多不同的訊息平台,但其實概念都是一樣的:平台提供你一個專屬的 URL,你把資料往那個 URL 送就對了!

自動通知功能就像是讓你多了一個可靠的小秘書。透過正確的語言、適合的工具,哪怕你是零基礎,也能開始打造屬於自己的小幫手,幫你提醒所有大小事!

9-5 自製簡易電子報系統

9.5.1 為什麼我們需要自製電子報系統？

你是不是也曾經被 Facebook、Instagram、Threads 那種動不動就調整演算法的社群平台搞到心累？

辛辛苦苦經營幾百個粉絲，卻發文觸及不到 10%。甚至某天帳號突然被封，連個客服都找不到。

這時候，你一定聽過一句話：

> 那些流量與粉絲，都是平台借你的。只有你手上的 email 名單才是真正屬於你的。

Email 是什麼？

是網路世界最老的通訊工具。

但也是**最不容易被平台干擾**的資訊傳遞方式。

如果你想真正擁有一條不被平台演算法綁架的資訊通道，那你應該考慮建立自己的「電子報系統」。

9.5.2 為什麼不是直接用 Gmail 發信就好？

你也許會想：「我又不是要寄幾千封，一開始就幾十個人，直接用 Gmail 手動貼收件人不就好了？」

可以，真的可以。

但等你發個幾次，你就會發現各種痛點。

我們來看一下傳統 Gmail 發信的四大問題：

問題點	說明
寄信量限制	Gmail 每天只能寄 500 封信（一般帳號）。一不小心就觸碰紅線，還可能被暫時鎖帳號。
訂閱管理	使用者怎麼訂閱？怎麼退訂？自己管理 email 名單，搞不好還會漏掉或多寄。
法規合規	寄 email 是有法律規定的，不能亂寄。像 GDPR、CAN-SPAM 法都規定必須提供退訂選項與聲明。
數據追蹤	你會想知道有沒有人打開信，但 Gmail 完全沒這個功能。

所以市面上才會出現像 MailerLite、Mailchimp、ConvertKit 這種專門的電子報系統。

但問題來了。

這些平台 **要錢**、**不夠自由**、**難客製化**。

有沒有一個方式，可以便宜、可自訂、還能自己掌控？

9.5.3 輕量自架電子報系統：用 Gmail + Google Sheets + Apps Script 打造你的小型發信機器人

◆ 你需要的工具

- 一個 Gmail 帳號
- 一份 Google Sheets（用來管理名單與發送紀錄）
- 一段 Google Apps Script（自動寄信、自動處理訂閱與退訂）

最棒的是：**完全免費**。

唯一限制是 Gmail 每天只能寄 500 封信，但對剛起步的人來說，夠用了。

9.5.4　Step 1：建立你的訂閱者名單表格

打開 Google Sheets，新建一個試算表，命名為 電子報系統，然後新增以下欄位：

Email	姓名	狀態	加入時間	最後寄信時間
alice@example.com	Alice	已訂閱	2025/04/01	2025/04/05

說明：

- Email：收件者信箱。
- 姓名：個人化稱呼用。
- 狀態：已訂閱、已退訂等狀態。
- 加入時間：方便追蹤。
- 最後寄信時間：避免重複寄送或觀察開信頻率。

9.5.5　Step 2：建立訂閱表單

這一步很簡單，用 Google 表單就能做：

- 問題 1：請輸入您的 Email
- 問題 2：請輸入您的姓名

表單連結放在你自己的部落格、IG、Threads、YouTube 簡介都行。

然後，設定表單回應自動填入你剛才的 Google Sheets。

9.5.6 Step 3：撰寫自動寄信的程式（用 AI 寫就好）

你可以打開試算表，選單選「擴充功能 → App Script」，貼上以下程式碼：

```
function sendNewsletter() {
  const sheet = SpreadsheetApp.getActiveSpreadsheet().getSheetByName('工作表1'); // 根據你的工作表名稱調整
  const data = sheet.getDataRange().getValues();
  const today = new Date();

  for (let i = 1; i < data.length; i++) {
    const email = data[i][0];
    const name = data[i][1];
    const status = data[i][2];

    if (status !== '已訂閱') continue;

    const subject = `嗨 ${name}，這是來自亨利羊的最新電子報！`;
    const body = `嗨 ${name}，\n\n這是本週的電子報內容。\n記得點這裡退訂：xxx（這邊之後會補上自動退訂的連結）`;

    GmailApp.sendEmail(email, subject, body);
    sheet.getRange(i + 1, 5).setValue(today); // 更新「最後寄信時間」
  }
}
```

▲ 程式碼範例

◆ 沒看懂？沒關係！

只要打開 ChatGPT 說： > 請幫我產出一段 Google Apps Script，可以從我的試算表讀取 email 清單，然後自動寄出電子報。

AI 就會幫你搞定。

9.5.7 Step 4：訂閱與退訂功能也能自動化

這邊你可以再新增兩張 Google 表單，並搭配 Apps Script 實現訂閱與退訂的自動化。

「我要訂閱」表單：

- 欄位 1：Email
- 欄位 2：姓名

- 表單送出後,會將新資料寫入你的主試算表,並設定「狀態」為「已訂閱」,「加入時間」為當下時間。

「我要退訂」表單:

- 欄位 1:Email
- 表單送出後,Apps Script 會自動找出這筆 email 對應的列,並把「狀態」欄位改成「已退訂」。

以下是訂閱功能的範例程式碼:

```javascript
function onSubscribe(e) {
  const sheet = SpreadsheetApp.getActiveSpreadsheet().getSheetByName('工作表1');
  const email = e.values[1];
  const name = e.values[2];
  const now = new Date();

  // 檢查是否已經存在該 email
  const data = sheet.getDataRange().getValues();
  let found = false;
  for (let i = 1; i < data.length; i++) {
    if (data[i][0] === email) {
      sheet.getRange(i + 1, 2).setValue(name);
      sheet.getRange(i + 1, 3).setValue('已訂閱');
      sheet.getRange(i + 1, 4).setValue(now);
      found = true;
      break;
    }
  }
  if (!found) {
    sheet.appendRow([email, name, '已訂閱', now, '']);
  }
}
```

▲ 程式碼範例

- 而退訂功能的程式碼可以這樣寫:

```
1   function onUnsubscribe(e) {
2     const sheet = SpreadsheetApp.getActiveSpreadsheet().getSheetByName('工作表1');
3     const email = e.values[1];
4     const data = sheet.getDataRange().getValues();
5   - for (let i = 1; i < data.length; i++) {
6     if (data[i][0] === email) {
7      sheet.getRange(i + 1, 3).setValue('已退訂');
8      break;
9     }
10    }
11   }
```

- 最後，別忘了將這兩個函式綁定到對應表單的「提交觸發器」（on form submit），這樣才能在使用者填完表單的瞬間，自動更新訂閱資料。

如果這些程式你看不懂也沒關係，記住一句話：「**把你想做的事描述給 AI，AI 就會幫你把程式寫出來。**」

9.5.8 適合誰使用這套輕量電子報系統？

- 剛起步經營內容、還沒破 500 訂戶的創作者
- 想省錢又想要彈性管理電子報的個人或團隊
- 在意資料自主權，不想被平台綁架的人
- 喜歡搞 DIY，想要一點小自豪感的數位創作者

9.5.9 結語

這個世界變太快，社群平台永遠說變就變。

與其把命運交給演算法，不如把名單掌握在自己手上。

電子報不是過時，是你掌握主導權的第一步。

最棒的是——現在你知道，其實自己也能做得到。

9-6 自動指派業務小幫手

想像一下，如果你是行銷部的助理，每天打開信箱都會看到一堆來自 Google Forms 的通知，然後你得一個一個打開來看，判斷這位潛在客戶是哪個產業，再手動丟給對應的業務同仁。這樣的工作是不是重複又耗時？

別擔心！這一章會教你如何用 **Google Apps Script** 打造一個「業務分配小幫手」，讓程式自動幫你根據客戶填的「產業別」，指派給對應的業務。

9.6.1 這章節會帶你完成什麼事？

- 建立一個 Google 表單，讓客戶填寫基本資料與產業別。
- 客戶送出後，表單資料會自動寫入 Google 試算表。
- GAS 腳本會自動判斷「產業別」，找出負責這個產業的業務同仁。
- 自動寄出 email 給對應的業務，提醒他有新的潛在客戶。

9.6.2 準備材料

你需要準備：

- 一個 **Google Forms** 表單，裡面包含「公司名稱」、「聯絡人」、「Email」、「產業別」等欄位
- 一個 **Google Sheet**，它會自動接收表單回應
- 一份 **業務對照表**，長得像這樣：

產業別	負責業務 Email
醫療保健	alice@sales.com
金融保險	bob@sales.com
教育學術	carol@sales.com
製造業	dave@sales.com

這個對照表你可以放在同一個試算表中的另一個分頁，命名為 業務對照表。

9.6.3 基本的程式邏輯

我們的 GAS 腳本要做的事，其實可以用一句白話來講清楚：

> 當有新的表單回應進來，就讀取它的「產業別」，然後去「業務對照表」查出對應的 Email，並寄通知信給這位業務。

下面我們來分段解釋程式碼。

9.6.4 完整程式碼 + 解說

◆ Step 1：打開用來接收表單回應的試算表，進入 Apps Script 編輯器

點選工具列的「擴充功能」→「Apps Script」

刪掉預設程式，貼上以下程式碼：

```javascript
function onFormSubmit(e) {
  const sheet = SpreadsheetApp.getActiveSpreadsheet();

  const responsesSheet = sheet.getSheetByName("Form Responses 1");
  const salesMapSheet = sheet.getSheetByName("業務對照表");

  // 讀取最新一筆表單資料
  const lastRow = responsesSheet.getLastRow();
  const rowData = responsesSheet.getRange(lastRow, 1, 1, responsesSheet.getLastColumn()).getValues()[0];

  // 假設產業別在第 4 欄（請依實際欄位順序調整）
  const industry = rowData[3]; // 第 4 欄

  // 從「業務對照表」中找到對應的 Email
  const salesData = salesMapSheet.getDataRange().getValues();
  let salesEmail = "";

  for (let i = 1; i < salesData.length; i++) {
    if (salesData[i][0] === industry) {
      salesEmail = salesData[i][1];
      break;
    }
  }

  if (!salesEmail) {
    Logger.log("找不到對應的業務 Email，產業別可能未列入清單。");
    return;
  }

  // 組信件內容
  const companyName = rowData[0]; // 公司名稱（假設在第 1 欄）
  const contactName = rowData[1]; // 聯絡人（第 2 欄）
  const email = rowData[2];       // 客戶 Email（第 3 欄）

  const subject = `新潛在客戶 - ${companyName}`;
  const body = `
您好，

有一位來自【${industry}】產業的潛在客戶剛填完表單，請儘快聯絡：

公司名稱：${companyName}
聯絡人：${contactName}
Email：${email}

祝 業績長紅！
`;

  // 寄信給業務
  GmailApp.sendEmail(salesEmail, subject, body);
}
```

◆ Step 2：設定觸發器（Trigger）

Apps Script 不會自動執行，我們需要設定一個「觸發器」，讓它在每次有人填表時自動跑這段程式。

- 在 Apps Script 編輯器中，點選左側「時鐘」圖示（觸發器）
- 點選右下角「＋新增觸發器」
- 選擇要執行的函式：onFormSubmit
- 選擇事件來源：從試算表
- 選擇事件類型：提交表單時

9.6.5 驗證效果

現在你可以自己試著填一次表單，填入不同的產業別，看看是不是能收到通知信。

你也可以叫朋友一起測試，或在分配的 Email 中先填你自己的信箱來驗證結果。

9.6.6 小提醒與延伸思考

如果有些產業暫時沒有對應業務，可以加個「預設收件人」避免漏接潛在客戶。你也可以進一步設計自動填入 CRM 系統、自動發 Slack 通知、自動寫入另一份追蹤表單等等。

9.6.7 總結

恭喜你完成了一個非常實用的自動化小幫手！

你不需要每天看試算表、不需要手動轉寄、不需要複製貼上，只要設定一次，AI 和程式就會幫你把每個潛在客戶準確地分配到對的人手中。

這就是自動化的魔法。

而且，只要這一個範例學起來，後面要做更多延伸應用，也會變得越來越簡單。

第10章

自動化案例 - 內容產製與轉換類

10-1 自動根據大綱產生投影片

雖然現在 AI 還沒聰明到可以「完全理解你要的簡報內容並自己從 0 到 100 幫你做出來」，（我覺得應該快了）但我們可以用一種很實用的「兩階段策略」來完成簡報自動化：

- **請 AI 幫你產生簡報大綱**（像是每頁要講什麼，哪幾段是重點）
- **請 AI 幫你用 Google Apps Script 把大綱轉成簡報**，然後再套用不同的版型

意即這個程式範例是很忠實地照著你的大綱來產生投影片，完全沒有「生成式 AI」的熱情奔放。如果你已經有準備好自己的大綱與內容，就可以用這個程式快速做成投影片。

這樣的流程有一個明顯的好處：你能保有對內容的掌握，不會讓 GenAI 亂掰。

如果你已經有了簡報大綱，那就可以直接進入第二階段「請 AI 幫你用 Google Apps Script 把大綱轉成簡報」，快速生成版本一致的投影片。

如果你還沒想好簡報內容，想要藉助 GenAI 的力量，那就是第一階段可以做的事。

第一階段強調創意，第二階段強調嚴謹，截長補短，就可以把投影片做得又快又好！

10-1 自動根據大綱產生投影片

兩階段特點
- 第一階段強調創意
- 第二階段強調嚴謹

```
開始製作簡報
     ↓
是否已有簡報大綱?
  是 ↙      ↘ 否
         第一階段
         使用 GenAI
            ↓
         AI協助產生簡報大綱
            ↓
         確認內容
     ↘   ↙
     第二階段
     使用 Google Apps Script
        ↓
     將大綱轉換成簡報
        ↓
     套用版型
        ↓
     完成簡報
```

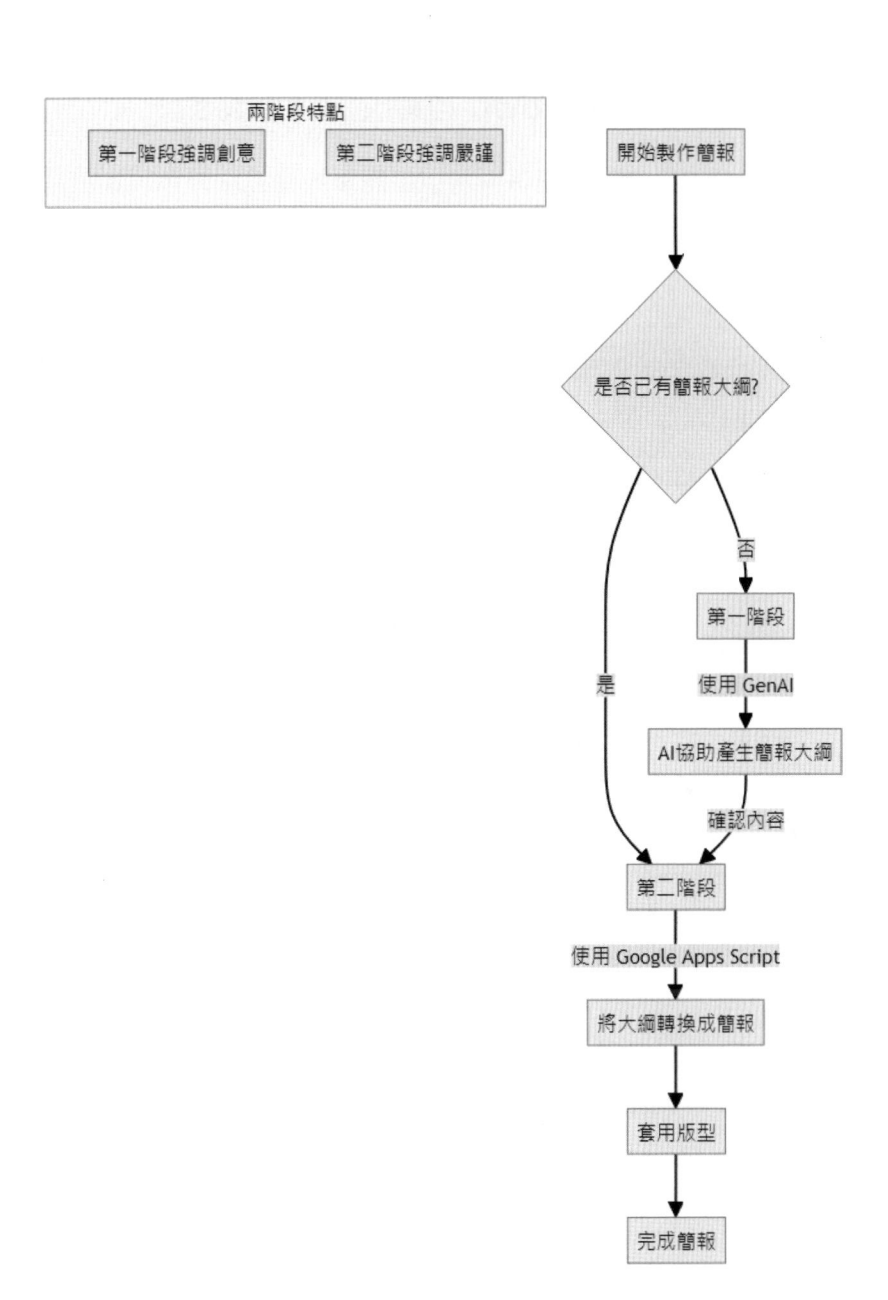

10.1.1 如何從 Markdown 自動生成 Slides

Markdown 是一種結構嚴謹的語法，可以用簡單的標記法來呈現章節層次的關係。我們可以直接請 AI 幫我們準備一段用 Markdown 撰寫的大綱，生出來會像以下格式：

```
# Google Apps Script 入門課程大綱

## 課程目標
- 認識 Google Apps Script (GAS) 的基本概念
- 學會操作 GAS 編輯器並撰寫簡單的程式
- 能透過 GAS 自動化常見的 Google 服務操作 (如 Sheets、Gmail)

## 課程時長
- 約 1.5 ~ 2 小時

## 課程內容
- 1. 認識 Google Apps Script
- 2. 初探編輯環境
...
```

▲ 程式碼範例

接著，我們告訴 ChatGPT： >「請用 Google Apps Script 將這份 Markdown 轉成 Google Slides，並根據不同層級標題（#、##、###）套用不同版型。」

AI 就能幫我們生成以下程式碼。

```
function generateSlidesFromMarkdown() {
  const markdown = `
# Google Apps Script 入門課程大綱

## 課程目標
- 認識 Google Apps Script (GAS) 的基本概念
- 學會操作 GAS 編輯器並撰寫簡單的程式
- 能透過 GAS 自動化常見的 Google 服務操作 (如 Sheets、Gmail)

---

## 課程時長
- 約 1.5 ~ 2 小時

---

## 課程內容
- 1. 認識 Google Apps Script
- 2. 初探編輯環境
- 3. 語法基礎快速上手
```

```
21    - 4. 操作 Google Sheets
22    - 5. 自動寄送 Email
23    - 6. 自動化觸發器（Triggers）
24    - 7. 實作練習與 QA
25
26    ### 1. 認識 Google Apps Script
27    - 什麼是 Google Apps Script?
28    - 可以做哪些事情?
29    - 和 Excel VBA、Python 的差異
30    - 常見的應用情境與自動化案例
31
32    ---
33
34    ### 2. 初探編輯環境
35    - 如何開啟 Apps Script 編輯器
36      - 從 Google Sheets 開啟
37      - 從 script.google.com 建立專案
38    - 認識編輯器介面
39      - 檔案區、程式碼區、執行區
40    - 實作：Hello World!
41    ...
42    ...
43    `;
44
45      // 🔹 指定要更新的簡報
46      const slides = SlidesApp.getActivePresentation();
47
48      // 🔹 清空所有現有頁面
49      const existingSlides = slides.getSlides();
50      existingSlides.forEach(slide => slide.remove());
51
52      const lines = markdown.trim().split('\n');
53      let currentSlide = null;
54
55      lines.forEach(line => {
56        line = line.trim();
57
58        if (line.startsWith('# ')) {
59          // 課程大標題：封面頁
60          const slide = slides.appendSlide(SlidesApp.PredefinedLayout.TITLE);
61          slide.getShapes()[0].getText().setText(line.replace('# ', ''));
62          currentSlide = null; // 封面不接收段落
63        } else if (line.startsWith('## ')) {
64          // 章節標題頁：改為 TITLE_AND_BODY
65          const slide = slides.appendSlide(SlidesApp.PredefinedLayout.TITLE_AND_BODY);
66          slide.getShapes()[0].getText().setText(line.replace('## ', ''));
67          currentSlide = slide;
68        } else if (line.startsWith('### ')) {
69          // 小節標題：內容頁
70          currentSlide = slides.appendSlide(SlidesApp.PredefinedLayout.TITLE_AND_BODY);
71          currentSlide.getShapes()[0].getText().setText(line.replace('### ', ''));
72        } else if (line.startsWith('- ') || line.startsWith('• ')) {
73          // 條列內容：加進目前頁面 body 區
74          if (currentSlide && currentSlide.getShapes().length > 1) {
75            const bodyShape = currentSlide.getShapes()[1];
76            const text = bodyShape.getText();
77            text.appendParagraph(line.replace(/^\s*- /, '• '));
78          }
79        }
80      });
81
82      Logger.log('🔹 Slides updated: ' + slides.getUrl());
83    }
```

10.1.2 程式說明與邏輯拆解

這段程式的邏輯其實不難，markdown 與簡報頁面的對應關係如下：

```
1   # 標題 → 封面頁
2   ## 標題 → 章節標題頁
3   ### 標題 → 內容頁
4   - 開頭的內容 → 條列文字
```

▲ 程式碼範例

在這個程式中，我們用 .appendSlide() 來動態新增簡報頁，用 .getShapes() 來取得每頁的文字方塊，接著用 .setText() 把內容寫進去。

如果大綱內容有更新，只要把程式裡的大綱文字更新後，再執行一次程式。就可以直接原地更新現有的簡報了。

有了這個程式，你就能輕鬆從純文字產出一份格式整齊、版型統一的簡報。當文字都已經放進結構化的佈局裡，接下來就可以自由切換成喜歡的主題風格了。

10-2　自動翻譯投影片

你是否曾經收到一份簡報，打開後滿滿都是英文？ 或者你需要幫主管把中文簡報翻譯成英文，卻沒時間慢慢一頁頁處理？

這種情況下，如果你用的是 Google Slides，那我們可以用 Google Apps Script 來做自動翻譯。如果你用的是 PowerPoint，則可以利用 VBA 來做。

10.2.1　實際情境範例

你有一份 Google Slides 簡報，或是 PowerPoint 投影片，裡面每一頁都有許多文字內容。你想要把所有頁面的「投影片文字」自動中翻英，或英翻中。或是和任何其它語言互相翻譯。

10.2.2　給 AI 的提示語範例

打開 ChatGPT，輸入這樣的說明 (以 Google Apps Script 為例)：

> 「我有一份 Google Slides 簡報，裡面每一頁有多個文字方塊。請用 Google Apps Script 幫我把每一頁的所有文字方塊中的文字翻譯成英文，然後更新回原簡報。使用 Google 翻譯 API 或 UrlFetchApp 呼叫翻譯服務。」

10.2.3　程式範例（Google Apps Script）

◆ 為什麼不直接用 LanguageApp.translate() 這個現成的功能？

Google Apps Script 其實有提供一個內建的 LanguageApp.translate() 函數，不用呼叫 API 就能翻譯文字。不過它有幾個限制：

它只能處理文字字串，無法針對簡報中的每個文字方塊自動抓取與更新。

支援語言較少，翻譯品質也略遜於 Google Translate API。

在處理大量內容時，較容易遇到翻譯配額限制或不穩定情況。

所以這裡我們改用一個實用的小技巧：用 UrlFetchApp 呼叫 Google Translate 的公開 API（gtx client），能取得即時翻譯內容，並動態更新回簡報的每一頁。

```
function translateSlideText() {
  var presentation = SlidesApp.getActivePresentation();
  var slides = presentation.getSlides();

  for (var i = 0; i < slides.length; i++) {
    var slide = slides[i];
    var pageElements = slide.getPageElements();

    for (var j = 0; j < pageElements.length; j++) {
      var element = pageElements[j];

      if (element.getPageElementType() === SlidesApp.PageElementType.SHAPE) {
        var shape = element.asShape();

        if (shape.getText) {
          var text = shape.getText().asString();

          if (text.trim() !== "") {
            var translatedText = callTranslateAPI(text);
            shape.getText().setText(translatedText);
          }
        }
      }
    }
  }
}

function callTranslateAPI(text) {
  var url = "https://translate.googleapis.com/translate_a/single?client=gtx&sl=zh-TW&tl=en&dt=t&q=" + encodeURIComponent(text);
  var response = UrlFetchApp.fetch(url);
  var json = JSON.parse(response.getContentText());
  return json[0].map(function(item) { return item[0]; }).join("");
}
```

▲ 程式碼範例

◆ 小提醒：

- 投影片將原地翻譯，舊的內容會被取代掉。如果需要保留原內容，可先建立副本後，再執行程式。
- sl=zh-TW 表示來源語言是繁體中文
- tl=en 表示目標語言是英文
- 如果要翻回中文，只要把 sl 和 tl 對調即可
- 只會翻譯投影片上「有文字的圖形元件」，圖片將保持原樣。

10.2.4 PowerPoint（VBA）版簡報翻譯

其實我並不推薦使用 VBA 來做 PowerPoint 的自動翻譯，因為會卡住的點非常多。例如光是要呼叫翻譯 API 就很麻煩，mac 的 user 又會比 Windows user 更辛苦一點。如果真的要翻譯 .pptx 格式的檔案，還不如先上傳到 Google 轉換成 Google Slides 的檔案，再用 Google Apps Script 來做翻譯。翻譯完可以再下載成 .pptx。雖然看起來麻煩了一點，但比起慢慢在 VBA 裡 debug，絕對利大於弊。如果你理解了 VBA 的麻煩之處，但還是想試試看，那可以參考以下步驟：

在開始寫 VBA 程式之前，我們要先打開「VBA 編輯器」。這步驟在 Windows 和 macOS 上略有不同，請依你的電腦版本操作：

◆ Windows 使用者：

- 開啟你要翻譯的 PowerPoint 簡報。
- 按下鍵盤上的 Alt + F11，會跳出 VBA 編輯器視窗。
- 點選左側簡報檔案，然後插入一個「模組」：
  o 在上方選單中點選 插入 → 模組（Insert → Module）。
- 把接下來的 VBA 程式碼貼進去即可。

◆ macOS 使用者：

- 開啟你要翻譯的 PowerPoint 簡報。
- 在上方選單列中點選 工具 → 巨集 → Visual Basic 編輯器（Tools → Macro → Visual Basic Editor）。
- 在左側選擇簡報檔案，並插入新模組：
  o 選單列中點選 插入 → 模組（Insert → Module）。
- 貼上程式碼，儲存即可。

接下來，我們可以貼上以下這段 VBA 程式碼。

這段程式會讀取簡報中每一頁的所有形狀，如果該形狀是文字方塊，就呼叫翻譯 API 並更新回投影片中。

```vba
Sub TranslateSlideText()
    Dim slide As slide
    Dim shape As shape
    Dim originalText As String, translatedText As String

    For Each slide In ActivePresentation.Slides
        For Each shape In slide.Shapes
            If shape.HasTextFrame Then
                If shape.TextFrame.HasText Then
                    originalText = shape.TextFrame.TextRange.Text
                    translatedText = TranslateWithGoogleAPI(originalText)
                    shape.TextFrame.TextRange.Text = translatedText
                End If
            End If
        Next shape
    Next slide
End Sub

Function TranslateWithGoogleAPI(text As String) As String
    Dim http As Object
    Dim response As String
    Dim url As String

    url = "https://translate.googleapis.com/translate_a/single?client=gtx&sl=zh-TW&tl=en&dt=t&q=" & URLEncode(text)

    Set http = CreateObject("MSXML2.XMLHTTP")
    http.Open "GET", url, False
    http.Send

    response = http.responseText
    ' 擷取翻譯結果
    TranslateWithGoogleAPI = Split(Split(response, """]]")(0), """")(3)
End Function

Function URLEncode(str As String) As String
    Dim i As Long, ch As String, outStr As String
    For i = 1 To Len(str)
        ch = Mid(str, i, 1)
        Select Case Asc(ch)
            Case 48 To 57, 65 To 90, 97 To 122
                outStr = outStr & ch
            Case Else
                outStr = outStr & "%" & Hex(Asc(ch))
        End Select
    Next
    URLEncode = outStr
End Function
```

▲ 程式碼範例

快速翻譯好的投影片，就像一個速成的草稿，讓你可以基於這個版本快速地再做編輯修改。

無論你是學生、業務、行政、還是主管助理,這個工具都能讓你在準備跨語言簡報時更輕鬆,更有時間專注在本質內容上!

第11章

自動化案例 - 資料蒐集與自動化整合類

11-1 Linkedin 爬蟲機器人：自動抓取個人大頭照

11.1.1 為什麼會想抓 LinkedIn 照片？

想像一下這個場景：你是人資、業務，或是社群小編，要幫公司整理一份名單，裡面有一大堆 LinkedIn 個人頁的連結。老闆交代你：「每個人都要配一張照片，弄得漂漂亮亮的，我們要放在內部簡報裡。」

你當然不想一個一個點開連結、右鍵存圖、改檔名、搬進資料夾。這種又重複又機械的動作，正是自動化出馬的時候！

11.1.2 哪種語言適合這個任務？

這裡我們要面對一個挑戰：LinkedIn 沒有提供公開的 API，網頁架構又比較難分析，而且還有一些反爬蟲的機制。

因此，我們來看看三種語言：哪一種適合？哪一種不適合？

◆ Python：最適合

Python 有強大的網頁擷取工具，例如 requests、BeautifulSoup、甚至是 Selenium，都能幫你模擬瀏覽器、抓下 LinkedIn 的網頁內容，進一步解析出圖片網址並下載。

◆ Google Apps Script（GAS）：不適合

雖然 GAS 很擅長操作 Google 相關服務（像是 Gmail、Sheets、Drive），但遇到像 LinkedIn 這類需要模擬瀏覽器、處理複雜 HTML 結構、甚至需要登入的網站時，GAS 就會綁手綁腳。GAS 的 UrlFetchApp 功能不支援 JavaScript 互動內容，很多圖片根本載不到。

◆ VBA：不適合

VBA 雖然能操作 IE（舊的瀏覽器）進行簡單的網頁自動化，但現在 IE 已經退役，Edge 的整合又非常複雜。要用 VBA 自動抓取 LinkedIn 的圖片不但困難，而且容易失敗。維護成本高，也很難幫你處理錯誤。

結論：這種任務強烈建議用 **Python**，結合 **AI** 的幫忙，效率最高、成功率也最高。

11.1.3 我們的策略是這樣：

手上有一堆 LinkedIn 個人頁網址

用 Python 加上 AI 幫你抓網頁

自動找出照片連結

把照片存成圖檔，一一下載下來

11.1.4 第一步：準備網址清單

你可以用 Excel 或 Google 試算表整理一列 LinkedIn 個人頁網址，例如：

```
1  https://www.linkedin.com/in/henryyang123
2  https://www.linkedin.com/in/juliachang001
3  https://www.linkedin.com/in/marketingninja
```

▲ 程式碼範例

把這些網址存成一個純文字檔，例如叫做 linkedin_list.txt，一行一個網址。

11.1.5 第二步：請 AI 幫我們寫抓圖的程式

你可以打開 或你電腦裡的 Python 編輯器，然後請 AI 幫你寫這段程式，例如這樣問它：

> 請幫我寫一段 Python 程式，可以從每個 LinkedIn 網址的網頁中找出大頭照圖片網址，然後下載成 jpg 檔，存在本機資料夾中。輸入的網址列表存在 linkedin_list.txt 這個檔案裡。

AI 回給你的程式，大致上會長這樣（我幫你加上註解，讓你看得懂）：

```python
import requests
from bs4 import BeautifulSoup
import os

# 建立圖片存放資料夾
os.makedirs("linkedin_photos", exist_ok=True)

# 讀取網址列表
with open("linkedin_list.txt", "r") as file:
    urls = file.readlines()

for url in urls:
    url = url.strip()
    try:
        headers = {"User-Agent": "Mozilla/5.0"}  # 模擬正常瀏覽器
        response = requests.get(url, headers=headers)
        soup = BeautifulSoup(response.text, "html.parser")

        # 嘗試找出圖片網址（這行可能要根據實際網頁調整）
        img_tag = soup.find("img", {"class": "profile-photo-edit__preview"})

        if img_tag and img_tag.get("src"):
            img_url = img_tag["src"]
            filename = url.split("/")[-1] + ".jpg"
            img_data = requests.get(img_url).content
            with open(os.path.join("linkedin_photos", filename), "wb") as f:
                f.write(img_data)
            print(f"已下載：{filename}")
        else:
            print(f"找不到圖片：{url}")

    except Exception as e:
        print(f"錯誤：{url} - {e}")
```

▲ 程式碼範例

11.1.6 如果抓不到怎麼辦？

LinkedIn 網頁的 HTML 結構常常改，而且不同人的頁面不一定一致。這時你可以：

請 AI 調整 img_tag = … 那一行的搜尋邏輯

改用 Selenium 模擬瀏覽器互動（也可以請 AI 幫你改寫）

11.1.7 爬蟲注意事項

這是一個基本範例，類似的概念你可以應用在不同的網站上。不過在你開始抓取資料之前，有幾件事務必要了解：

◆ **尊重網站規範：**

多數網站在 robots.txt 中會說明哪些內容允許被自動讀取，雖然這不是法律，但是一種基本禮貌。如果網站明確禁止爬蟲抓資料，請不要硬來。

◆ **避免過度請求：**

不要一次丟出幾百個請求，可能會被對方伺服器當成攻擊行為，導致 IP 被封鎖。建議每次請求之間加入 sleep() 等待時間，例如每隔 2 秒再發一次。

◆ **不要登入後抓資料：**

本單元僅示範抓「公開頁面」的內容，千萬不要寫機器人去登入網站或模擬帳號行為。這樣會觸犯服務條款，甚至涉及法律問題。

◆ **不要做商業販售用途：**

如果你是為了幫公司內部簡報抓幾張照片，通常沒問題。但如果你要抓資料來轉賣、分析、建立個資資料庫，那就是另一回事，請務必先諮詢法律專業。

◆ **LinkedIn 的防爬蟲機制很強：**

他們會檢查 IP、User-Agent、甚至行為模式。所以這裡的技巧不能保證 100% 有效，也不要過度依賴。

11.1.8 小結

這一單元，你學到：

- 這個任務最適合用 Python，不建議用 GAS 或 VBA
- 如何讓 AI 幫你完成網頁抓圖
- 不需要完全理解每一行程式碼，也能開始自動化工作
- 寫爬蟲之前應該注意哪些規則與倫理原則

寫程式不只是工程師的專利，只要你願意把需求說清楚，AI 就能幫你把它變成自動化的小工具。

11-2 早報自動送到手：新聞標題爬蟲教學

11.2.1 為什麼要學這個？

每天新聞如海嘯而來，真的有辦法每天都看完嗎？

不如讓程式幫你每天早上自動收集新聞標題與連結，整理出來存成清單或寄信給你，讓你快速掌握重點。

這一單元，我們就會教你：

- 如何寫出能**抓到標題與連結的新聞爬蟲**
- 三種版本（Google Apps Script、Python、VBA）通通示範
- 告訴你怎麼換網站也能請 AI 幫你產生爬蟲程式
- 新手做爬蟲會遇到的常見錯誤有哪些

11.2.2 以 Yahoo 奇摩新聞為範例

以 Yahoo 奇摩新聞首頁為例，根據網站 HTML 結構，我們的目標是擷取：

`<h3>` 標籤下 `<a>` 裡的文字（標題）
`<a href="...">` 裡的連結（連接到新聞內容）

11.2.3 Google Apps Script 版本（存進 Google Sheet）

```
function fetchYahooNews() {
  const url = 'https://tw.news.yahoo.com/';
  const html = UrlFetchApp.fetch(url).getContentText();

  const pattern = /<h3[^>]*>\s*<a href="(.*?)"[^>]*>(.*?)<\/a>/g;
  const matches = [...html.matchAll(pattern)];

  const sheet = SpreadsheetApp.getActiveSpreadsheet().getSheetByName("新聞");
  if (!sheet) return;

  sheet.clear();
  sheet.appendRow(["標題", "連結"]);

  matches.forEach(match => {
    const link = "https://tw.news.yahoo.com" + match[1];
    const title = match[2].replace(/<[^>]*>/g, '').trim(); // 去除 html tag
    sheet.appendRow([title, link]);
  });
}
```

▲ 程式碼範例

11.2.4 參數可以怎麼調整：

url 換成其他新聞分類，例如 "https://tw.news.yahoo.com/world"。

pattern 正則表達式可以根據 HTML 標籤變化微調。

可以配合時間觸發器，讓程式每天自動跑。

11.2.5 Python 版本（存成文字檔或 CSV）

```python
import requests
from bs4 import BeautifulSoup

url = "https://tw.news.yahoo.com/"
res = requests.get(url, headers={"User-Agent": "Mozilla/5.0"})
soup = BeautifulSoup(res.text, "html.parser")

news_items = soup.find_all("h3")
with open("news.csv", "w", encoding="utf-8") as f:
    f.write("標題,連結\n")
    for h in news_items:
        a = h.find("a")
        if a and a.text and a["href"]:
            title = a.text.strip()
            href = "https://tw.news.yahoo.com" + a["href"]
            f.write(f'"{title}","{href}"\n')
```

▲ 程式碼範例

11.2.6 參數可以怎麼調整：

url：更換成其他類別頁。

soup.find_all("h3")：如果網頁架構改變，要改這個選擇器。

可配合 pandas 存入 Excel 格式或做後續資料分析。

11.2.7 VBA 版本（直接寫進 Excel）

```vba
Sub GetYahooNews()
    Dim http As Object
    Set http = CreateObject("MSXML2.XMLHTTP")

    Dim html As String, url As String
    url = "https://tw.news.yahoo.com/"
    http.Open "GET", url, False
    http.setRequestHeader "User-Agent", "Mozilla/5.0"
    http.Send
    html = http.ResponseText

    Dim rowIndex As Long: rowIndex = 1
    Dim startPos As Long: startPos = 1
    Dim link As String, title As String

    Sheet1.Cells.Clear
    Sheet1.Cells(1, 1) = "標題"
    Sheet1.Cells(1, 2) = "連結"
    rowIndex = 2

    Do
        startPos = InStr(startPos, html, "<h3")
        If startPos = 0 Then Exit Do

        Dim linkStart As Long
        linkStart = InStr(startPos, html, "href=""") + 6
        Dim linkEnd As Long
        linkEnd = InStr(linkStart, html, """")
        link = Mid(html, linkStart, linkEnd - linkStart)

        Dim textStart As Long
        textStart = InStr(linkEnd, html, ">") + 1
        Dim textEnd As Long
        textEnd = InStr(textStart, html, "</a>")
        title = Mid(html, textStart, textEnd - textStart)
        title = Replace(title, "<u class=""StretchedBox""></u>", "")
        title = Replace(title, "<[^>]*>", "") ' 簡易去 tag

        If title <> "" Then
            Sheet1.Cells(rowIndex, 1).Value = Trim(title)
            Sheet1.Cells(rowIndex, 2).Value = "https://tw.news.yahoo.com" & link
            rowIndex = rowIndex + 1
        End If

        startPos = textEnd
    Loop
End Sub
```

▲ 程式碼範例

11.2.8　參數可以怎麼調整：

url：改成其他新聞頁面。

Sheet1：改成你自己 Excel 裡的工作表名稱。

11.2.9　如果我想爬 別的網站 怎麼辦？怎麼問 AI 才會給出正確程式？

你可以這樣跟 ChatGPT 提問：

> 幫我用 Google Apps Script 寫一個爬蟲程式，從這個網址抓出每一則新聞的標題與連結，並寫進 Google Sheet。每則新聞的 HTML 結構如下：`<div class="news-item"><a href="/news/123">`標題文字`</a></div>`

幾個要點：

- 提供網址（越明確越好）
- 提供 HTML 結構或 sample tag（可以右鍵→檢查→複製元素）
- 說明你想抓什麼資料（標題？摘要？連結？圖片？）
- 指定語言（GAS / Python / VBA）

11.2.10　新手最常遇到的爬蟲挑戰有哪些？

◆ 網站架構跟你預想的不同

ChatGPT 給的範例可能對，但網站實際上多了一層 `<div>`，導致抓不到。這時可以用「檢查元素」看看網頁結構，或請 AI 幫你調整選擇器。

◆ 連結是相對路徑

網站連結像是 `/news/xxx`，要手動補上 `https://...` 才能用。這也是為什麼我們程式裡要加 `"https://tw.news.yahoo.com"`。

◆ 被網站擋掉

有些網站不歡迎機器人爬資料。最常見的情況是你沒有加上 `User-Agent`，網站就直接擋你。解法是加上模擬瀏覽器的標頭。

◆ 網站改版了

今天可以抓，明天網站改一個 class 名就報錯。這是爬蟲的宿命，要有心理準備，爬蟲是「耐操但不穩定」的好工具。

11.2.11 小結

你現在已經學會了如何用三種程式語言寫出爬取新聞標題與連結的爬蟲程式，也知道怎麼改網站、改網址、改目標資料。

再進一步，你可以：

- 把爬到的內容整理成 Email 自動寄出
- 把不同網站的資料整合一起
- 搭配關鍵字過濾只想看的新聞（例如只保留有「AI」、「財報」的新聞）

歡迎把你的需求告訴 AI，他會一步一步教你改出來！

11-3 綜合多個功能的自動化客戶管理系統

想像一下，你是一家快速成長的 startup 公司的銷售經理，每天都有來自網站、活動和社交媒體的新潛在客戶湧入。起初，你用筆記本記錄客戶資訊，然後進階到 Excel 表格，但隨著名單越來越長，手動更新、分配和跟進變得像一場永無止境的噩夢。有人忘了回覆重要的潛在客戶，有人被分配了重複的任務，而你甚至不知道哪些客戶已經加入了電子報訂閱名單。時間在混亂中流逝，商機也悄悄溜走。

現在，假設你擁有一個聰明的助手，能自動收集潛在客戶資訊、整理名單、公平分配任務給銷售團隊，還能在客戶資料進入系統的那一刻立刻通知相關人員。這個案例將帶你一步步打造一個自動化潛在客戶管理系統，讓你從繁瑣的手動工作中解放出來，把精力集中在真正重要的事情上：建立關係，促成交易。

這個系統會是一個多功能多步驟的自動化程式，但是 AI 一樣可以幫你寫出來。

那為什麼這個範例只展示 Google Apps Script 版本呢？

這個案例特別適合用 Google Apps Script 實作，原因是：

- **生態系整合**：Google Forms、Sheets、Gmail 的完美串接，如果用 Python 或 VBA 則需要額外設定 API 和認證
- **免費部署**：不需要額外的伺服器成本，Google Apps Script 可以直接在 Google 雲端執行
- **即時觸發**：表單提交後可以立即觸發程式，而 Python 需要額外設定 webhook 或定時排程，VBA 則需要使用者開啟 Excel

當然，這個系統也可以用 Python 或 VBA 實作。例如：

- Python 版本：使用 Flask 建立網頁表單、PostgreSQL 儲存資料、AWS Lambda 處理自動化流程

- VBA 版本：使用 Excel 儲存資料、Outlook 處理郵件發送、UserForm 取代網頁表單

但考慮到實作複雜度和維護成本，在這個特定案例中，Google Apps Script 是最佳選擇。這就是我們常說的，要根據你的需求來選用適合的工具，而不是用執意的工具去暴力破解你的問題。

11.3.1 關於這個需求，你可以這樣問 AI

```
請幫我用 Google Apps Script 實現以下功能：

自動化潛在客戶管理
    - 表單自動收集與整理潛在客戶名單，並與 Sheets 整合。
    - 收集訂閱名單並推送電子報表單自動收集與整理
    - 客戶聯絡紀錄自動更新
    - 撰寫 Apps Script 自動分配潛在客戶給銷售團隊成員（例如輪流分配）。
    - 設置當新增潛在客戶時自動發送電子郵件通知給相關人員。
```

▲ 程式碼範例

11.3.2 實作步驟

◆ 設置 Google 試算表：

- 創建一個新的 Google 試算表，並於其中建立這幾個分頁：**Leads**、**Subscriptions**、**ContactLog**、**SalesTeam**

不過要手動建立這個也很麻煩，可以使用以下這一段程式來進行自動創建。只要點擊 "擴充功能" > "Apps Script"，並將以下程式碼複製貼上到編輯器中，

```javascript
 1  function setupLeadManagementSheets() {
 2    const spreadsheet = SpreadsheetApp.getActiveSpreadsheet();
 3
 4    // 1. 創建或設置 Leads 工作表
 5    setupLeadsSheet(spreadsheet);
 6
 7    // 2. 創建或設置 Subscriptions 工作表
 8    setupSubscriptionsSheet(spreadsheet);
 9
10    // 3. 創建或設置 ContactLog 工作表
11    setupContactLogSheet(spreadsheet);
12
13    // 4. 創建銷售團隊參考表
14    setupSalesTeamSheet(spreadsheet);
15
16    // 設置基本格式
17    applyBasicFormatting(spreadsheet);
18
19    SpreadsheetApp.getUi().alert('所有工作表已成功創建並設置完成！');
20  }
21
22  // 設置 Leads 工作表
23  function setupLeadsSheet(spreadsheet) {
24    let sheet = spreadsheet.getSheetByName("Leads");
25    if (!sheet) {
26      sheet = spreadsheet.insertSheet("Leads");
27    }
28
29    const headers = [
30      "時間戳",
31      "電子郵件",
32      "姓名",
33      "電話",
34      "分配給",
35      "狀態",
36      "添加日期",
37      "備註"
38    ];
39
40    sheet.getRange("A1:H1").setValues([headers]);
41    sheet.setFrozenRows(1);
42  }
43
44  // 設置 Subscriptions 工作表
45  function setupSubscriptionsSheet(spreadsheet) {
46    let sheet = spreadsheet.getSheetByName("Subscriptions");
47    if (!sheet) {
48      sheet = spreadsheet.insertSheet("Subscriptions");
49    }
50
51    const headers = [
52      "電子郵件",
53      "姓名",
54      "訂閱日期",
55      "訂閱狀態",
56      "取消訂閱日期"
57    ];
58
59    sheet.getRange("A1:E1").setValues([headers]);
60    sheet.setFrozenRows(1);
61  }
62  //接後段
```

▲ 程式碼範例

```javascript
//續前段
// 設置 ContactLog 工作表
function setupContactLogSheet(spreadsheet) {
  let sheet = spreadsheet.getSheetByName("ContactLog");
  if (!sheet) {
    sheet = spreadsheet.insertSheet("ContactLog");
  }

  const headers = [
    "日期",
    "電子郵件",
    "姓名",
    "動作",
    "執行者",
    "詳細說明"
  ];

  sheet.getRange("A1:F1").setValues([headers]);
  sheet.setFrozenRows(1);
}

// 設置 SalesTeam 工作表
function setupSalesTeamSheet(spreadsheet) {
  let sheet = spreadsheet.getSheetByName("SalesTeam");
  if (!sheet) {
    sheet = spreadsheet.insertSheet("SalesTeam");
  }

  const headers = [
    "姓名",
    "電子郵件",
    "電話",
    "狀態",
    "分配數量"
  ];

  // 範例銷售團隊數據
  const sampleData = [
    ["John Doe", "john@example.com", "123-456-7890", "活躍", 0],
    ["Mary Smith", "mary@example.com", "234-567-8901", "活躍", 0],
    ["Peter Jones", "peter@example.com", "345-678-9012", "活躍", 0]
  ];

  sheet.getRange("A1:E1").setValues([headers]);
  sheet.getRange("A2:E4").setValues(sampleData);
  sheet.setFrozenRows(1);
}

// 應用基本格式
function applyBasicFormatting(spreadsheet) {
```

```
51    const sheets = spreadsheet.getSheets();
52
53    sheets.forEach(sheet => {
54      // 設置標題行格式
55      const headerRange = sheet.getRange("1:1");
56      headerRange
57        .setFontWeight("bold")
58        .setBackground("#4a86e8")
59        .setFontColor("#ffffff")
60        .setHorizontalAlignment("center");
61
62      // 設置列寬
63      sheet.setColumnWidths(1, sheet.getLastColumn(), 150);
64
65      // 添加邊框
66      sheet.getRange(1, 1, sheet.getMaxRows(), sheet.getMaxColumns())
67        .setBorder(true, true, true, true, false, false);
68    });
69
70    // 設置特定工作表的特殊格式
71    const leadsSheet = spreadsheet.getSheetByName("Leads");
72    leadsSheet.getRange("F:F").setFontColor("#ff0000"); // 狀態列使用紅色
73
74    const subSheet = spreadsheet.getSheetByName("Subscriptions");
75    subSheet.getRange("C:C").setNumberFormat("yyyy-mm-dd"); // 日期格式
76
77    const logSheet = spreadsheet.getSheetByName("ContactLog");
78    logSheet.getRange("A:A").setNumberFormat("yyyy-mm-dd hh:mm:ss"); // 完整日期時間格式
79  }
80
81  // 啟動函數（可選：自動運行一次）
82  function onOpen() {
83    const ui = SpreadsheetApp.getUi();
84    ui.createMenu('潛在客戶管理')
85      .addItem('初始化工作表', 'setupLeadManagementSheets')
86      .addToUi();
87  }
```

▲ 程式碼範例

- 有了上面這一串程式，你就有這些初始化的功能可以直接執行：

  o **setupLeadManagementSheets()**

  主控函數，負責依序建立所有管理用工作表。
  完成後，套用基本格式並跳出提示視窗。

  o **setupLeadsSheet(spreadsheet)**

  建立或取得名為 "Leads" 的工作表。
  設置標題列（A1:H1）與凍結第一列。

- **setupSubscriptionsSheet(spreadsheet)**

  建立或取得名為 "Subscriptions" 的工作表。

  設置標題列（A1:E1）與凍結第一列。

- **setupContactLogSheet(spreadsheet)**

  建立或取得名為 "ContactLog" 的工作表。

  設置標題列（A1:F1）與凍結第一列。

- **setupSalesTeamSheet(spreadsheet)**

  建立或取得名為 "SalesTeam" 的工作表。

  設置標題列（A1:E1）與範例資料（A2:E4），並凍結第一列。

- **applyBasicFormatting(spreadsheet)**

  對所有工作表套用標題列格式、欄寬與邊框。

  對特定欄位進行格式設定（如日期與字體顏色）。

- **onOpen()**

  在試算表開啟時建立自訂選單。

  提供一個選項可執行初始化函數。

11-3 綜合多個功能的自動化客戶管理系統 | 11-19

可用的初始化功能

完成初始化設定後，你可以另開一個 submitForm.gs 檔（這邊的名稱你可以自己隨意取），用來放置後續自動化的主要功能，程式碼如下：

```javascript
// 主函數：處理表單提交
function onFormSubmit(e) {
  const sheet = SpreadsheetApp.getActiveSheet();
  const data = e.values; // 獲取表單提交的數據
  Logger.log(data);
  const timestamp = data[0];
  const email = data[1];
  const name = data[2];
  const phone = data[3];
  const subscribe = data[4];

  // 1. 整理潛在客戶數據到主表單
  organizeLeadData(timestamp, email, name, phone);

  // 2. 添加到訂閱名單
  if(subscribe == "是"){
    addToSubscriptionList(email, name);
  }


  // 3. 更新聯絡紀錄
  updateContactLog(email, name, "新潛在客戶添加");

  // 4. 分配給銷售團隊
  const assignedSales = assignLeadToSales();

  // 5. 發送通知郵件
  sendNotification(email, name, assignedSales);
}

// 1. 整理潛在客戶數據
function organizeLeadData(timestamp, email, name, phone) {
  const spreadsheet = SpreadsheetApp.getActiveSpreadsheet();
  const leadSheet = spreadsheet.getSheetByName("Leads") || spreadsheet.insertSheet("Leads");

  // 添加標題（如果新表單）
  if (leadSheet.getLastRow() === 0) {
    leadSheet.appendRow(["時間戳", "電子郵件", "姓名", "電話", "分配給", "狀態"]);
  }

  leadSheet.appendRow([timestamp, email, name, phone, "", "未處理"]);
}

// 2. 添加到訂閱名單
function addToSubscriptionList(email, name) {
  const spreadsheet = SpreadsheetApp.getActiveSpreadsheet();
  const subSheet = spreadsheet.getSheetByName("Subscriptions") || spreadsheet.insertSheet("Subscriptions");

  if (subSheet.getLastRow() === 0) {
    subSheet.appendRow(["電子郵件", "姓名", "訂閱日期"]);
  }

  // 檢查是否已存在
  const existingEmails = subSheet.getRange("A:A").getValues().flat();
  if (!existingEmails.includes(email)) {
    subSheet.appendRow([email, name, new Date(), "訂閱中"]);
  }
}
//接後段
```

```javascript
//續前段
// 3. 更新聯絡紀錄
function updateContactLog(email, name, action) {
  const spreadsheet = SpreadsheetApp.getActiveSpreadsheet();
  const logSheet = spreadsheet.getSheetByName("ContactLog") || spreadsheet.insertSheet("ContactLog");

  if (logSheet.getLastRow() === 0) {
    logSheet.appendRow(["日期", "電子郵件", "姓名", "動作"]);
  }

  logSheet.appendRow([new Date(), email, name, action]);
}

// 4. 自動分配銷售團隊
function assignLeadToSales() {
  const salesTeam = ["john@example.com", "mary@example.com", "peter@example.com"]; // 銷售團隊列表
  const spreadsheet = SpreadsheetApp.getActiveSpreadsheet();
  const leadSheet = spreadsheet.getSheetByName("Leads");

  // 獲取最後分配的銷售
  const lastRow = leadSheet.getLastRow();
  const lastAssigned = lastRow > 1 ? leadSheet.getRange(lastRow, 5).getValue() : "";

  // 找到下一個銷售人員
  let nextIndex = lastAssigned ? salesTeam.indexOf(lastAssigned) + 1 : 0;
  if (nextIndex >= salesTeam.length) nextIndex = 0;

  const assignedSales = salesTeam[nextIndex];

  // 更新分配
  leadSheet.getRange(lastRow, 5).setValue(assignedSales); //lastRow +1 改成 lastRow
  return assignedSales;
}

// 5. 發送電子郵件通知
function sendNotification(email, name, assignedSales) {
  const subject = "新潛在客戶分配通知";
  const body = `
    新的潛在客戶已分配給您：
    姓名：${name}
    電子郵件：${email}
    分配時間：${new Date()}

    請在24小時內跟進此潛在客戶。
  `;

  MailApp.sendEmail({
    to: assignedSales,
    subject: subject,
    htmlBody: body
  });
}

// 設置觸發器（需手動運行一次）
function setupTrigger() {
  ScriptApp.newTrigger("onFormSubmit")
    .forSpreadsheet(SpreadsheetApp.getActiveSpreadsheet())
    .onFormSubmit()
    .create();
}
```

▲ 程式碼範例

◆ 完成試算表設置後，再來要做表單設置：

- 創建一個 Google 表單，包含以下欄位：
  o 電子郵件
  o 姓名
  o 電話

- Google 表單
- 將表單連接到試算表

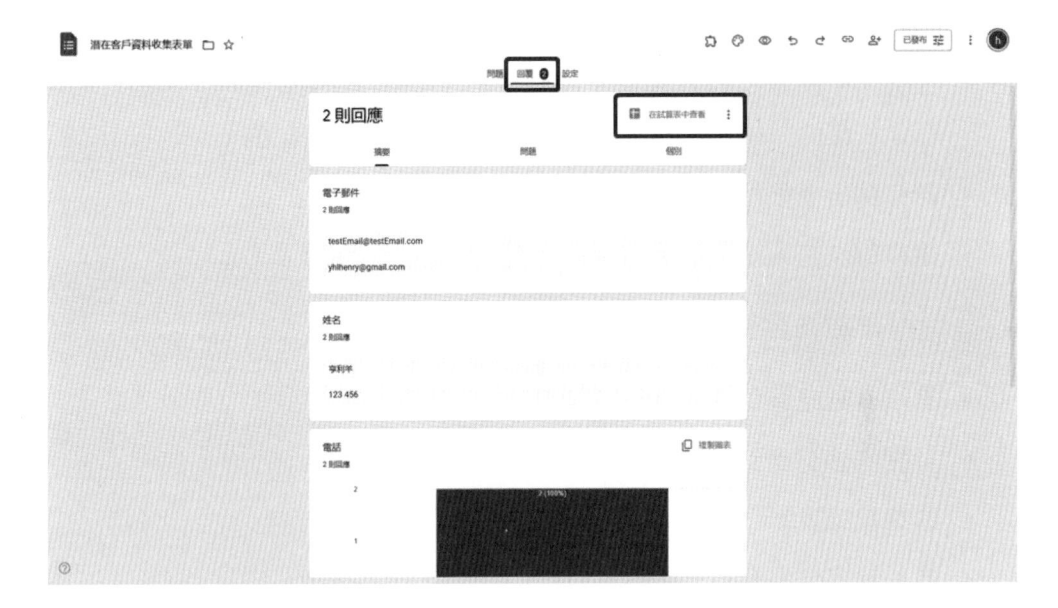

[表單回應畫面截圖]

- 將表單連接到試算表

◆ 讓自動化程式開始運行：

- 運行 setupTrigger() 函數設置表單提交觸發器

[Apps Script 程式碼截圖]

▲ 用程式設定觸發器

- 補充說明：這邊這個 setupTrigger() 意思是「用程式來設定觸發器」，節省了手動設定的麻煩。當你執行這個函式，效果就跟你手動設置觸發器是一樣的效果。當然，如果你要手動設定也是可以的。
- 若有跳出權限相關訊息，則授予必要的權限。
- 這樣每次有人提交表單的時候，程式就會自動執行了。

◆ 這個程式會執行哪些自動化功能呢：

- 數據自動記錄到 "Leads" 工作表
- 訂閱信息記錄到 "Subscriptions" 工作表
- 聯絡紀錄更新到 "ContactLog" 工作表
- 自動輪流分配給銷售團隊成員
- 發送電子郵件通知給被分配的銷售人員

◆ 可以自定義的調整：

- 修改 salesTeam 數組中的電子郵件地址為您實際的銷售團隊
- 根據需要調整郵件內容和格式
- 可添加更多欄位到表單和相應處理邏輯

注意事項：

- Google Apps Script 的每日郵件發送是有限額的，依帳號類型、用途不同而有不同配額。可參考本書「Google Apps Script 的限制」章節。

11-4 串接開放資料 API：即時 YouBike 資訊大公開！

這是一個真實又有趣的範例：

把全台北市的 YouBike 即時資料，抓下來，自動整理成一份表格！

11.4.1 什麼是 API？

可以把它想像成一種「自動問資料的管道」。你不需要到 YouBike 網站慢慢找資訊，只要跟這個 API 說一聲：「給我所有即時站點資料！」它就會一股腦把資料送給你！

關於 API 的詳細說明，本書後面有專門的章節會講解。在這個單元只要照著範例複製貼上即可。

11.4.2 我們的任務：取得資料 → 整理成表格

不管用哪種語言（Google Apps Script、Python、或 VBA），這次我們要做的事情很明確：

向 YouBike 的 API 發送請求，取得所有站點的最新資訊

把這些資料清楚地整理成一張表格（包括站名、地址、車輛數、經緯度等）

自動寫進 Excel 或 Google Sheets 裡面！

11.4.3 一、用 Google Apps Script 實作

這段程式碼可以直接貼到你的 Google 試算表中的 Script Editor 裡執行：

```javascript
function fetchYouBikeData() {
  var apiUrl = "https://tcgbusfs.blob.core.windows.net/dotapp/youbike/v2/youbike_immediate.json";

  try {
    var response = UrlFetchApp.fetch(apiUrl);
    var jsonData = JSON.parse(response.getContentText());

    var spreadsheet = SpreadsheetApp.getActiveSpreadsheet();
    var sheet = spreadsheet.getActiveSheet();

    sheet.clear();
    var header = [
      "站點編號", "站點名稱", "區域", "地址", "可借車數量",
      "可還車位數量", "總停車位", "更新時間", "經度", "緯度"
    ];
    sheet.appendRow(header);

    jsonData.forEach(function(station) {
      var rowData = [
        station.sno,
        station.sna,
        station.sarea,
        station.ar,
        station.available_rent_bikes,
        station.available_return_bikes,
        station.total,
        station.mday,
        station.longitude,
        station.latitude
      ];
      sheet.appendRow(rowData);
    });

    Logger.log("YouBike 資料已成功寫入試算表！");
  } catch (error) {
    Logger.log("錯誤：" + error.message);
  }
}
```

▲ 程式碼範例

貼上 → 存檔 → 執行，就完成了！

11.4.4 二、用 Python 實作（搭配 Excel 寫入）

這段 Python 程式碼，會抓取 API 並把資料寫入 Excel 檔案。

請先安裝 requests 和 openpyxl 這兩個套件（如果還沒裝）：

```
pip install requests openpyxl
```

▲ 程式碼範例

然後：

```python
import requests
import openpyxl

# 設定 API URL
api_url = "https://tcgbusfs.blob.core.windows.net/dotapp/youbike/v2/youbike_immediate.json"

# 發送 GET 請求
response = requests.get(api_url)
data = response.json()

# 建立 Excel 檔案與工作表
wb = openpyxl.Workbook()
ws = wb.active
ws.title = "YouBike 即時資料"

# 標題列
header = [
    "站點編號", "站點名稱", "區域", "地址", "可借車數量",
    "可還車位數量", "總停車位", "更新時間", "經度", "緯度"
]
ws.append(header)

# 寫入資料
for station in data:
    row = [
        station["sno"],
        station["sna"],
        station["sarea"],
        station["ar"],
        station["available_rent_bikes"],
        station["available_return_bikes"],
        station["total"],
        station["mday"],
        station["longitude"],
        station["latitude"]
    ]
    ws.append(row)

# 儲存檔案
wb.save("youbike_data.xlsx")
print("已成功寫入 Excel！")
```

▲ 程式碼範例

11.4.5 三、用 VBA 實作（適合直接整合 Excel）

```vba
Sub FetchYouBikeData()
    Dim http As Object
    Dim json As Object
    Dim item As Object
    Dim i As Long
    
    Set http = CreateObject("MSXML2.XMLHTTP")
    http.Open "GET", "https://tcgbusfs.blob.core.windows.net/dotapp/youbike/v2/youbike_immediate.json", False
    http.Send
    
    If http.Status = 200 Then
        Set json = JsonConverter.ParseJson(http.ResponseText)
        
        ' 清空工作表
        With Sheet1
            .Cells.Clear
            .Range("A1:J1").Value = Array("站點編號", "站點名稱", "區域", "地址", "可借車數量", _
                "可還車位數量", "總停車位", "更新時間", "經度", "緯度")
            i = 2
            For Each item In json
                .Cells(i, 1).Value = item("sno")
                .Cells(i, 2).Value = item("sna")
                .Cells(i, 3).Value = item("sarea")
                .Cells(i, 4).Value = item("ar")
                .Cells(i, 5).Value = item("available_rent_bikes")
                .Cells(i, 6).Value = item("available_return_bikes")
                .Cells(i, 7).Value = item("total")
                .Cells(i, 8).Value = item("mday")
                .Cells(i, 9).Value = item("longitude")
                .Cells(i, 10).Value = item("latitude")
                i = i + 1
            Next
        End With
    Else
        MsgBox "抓取資料失敗：" & http.Status
    End If
End Sub
```

▲ 程式碼範例

由於在 VBA 使用 JSON 時需要先加上 `JsonConverter` 模組，可以從 github.com/VBA-tools/VBA-JSON 下載安裝。以下是安裝說明：

◆ 一、下載 JsonConverter

開啟這個網址： https://github.com/VBA-tools/VBA-JSON

點右上角的綠色按鈕 **"Code"** → 選擇 **Download ZIP**

解壓縮這個 ZIP 檔，在資料夾裡找到檔案：

`JsonConverter.bas`

◆ 二、將 JsonConverter 匯入 Excel VBA 專案中

開啟你的 Excel 檔案，按下 `Alt + F11` 開啟 VBA 編輯器

在左側的「專案視窗」中，點你目前的 Excel 專案（通常叫 `VBAProject`（你的檔名））

點選上方選單 **File → Import File**…

選擇剛剛解壓縮出來的 `JsonConverter.bas`，點「開啟」

你會看到左邊多了一個 Module，名稱可能是 `JsonConverter`

◆ 三、設定 JsonConverter 的參數（避免錯誤）

點選上方選單 **Tools → References**

勾選一個叫做 **"Microsoft Scripting Runtime"** 的項目，然後點 OK（這是為了讓 `Dictionary` 類型可以正確使用）

◆ 四、開始使用！

現在你就可以在 VBA 裡使用這樣的語法來解析 JSON：

```vba
Dim json As Object
Set json = JsonConverter.ParseJson(jsonText)
```

▲ 程式碼範例

`JsonConverter` 會把 JSON 轉成 `Dictionary` 或 `Collection` 的結構，所以你可以用 `item("欄位名稱")` 的方式去取資料。

11.4.6 YouBike 延伸應用

光是單次抓取站點的即時資料你一定覺得不滿足,從這個案例出發,你還可以試試看:

- 定時每分鐘自動抓取
- 根據一段時間區間的資料自動產生圖表

這樣你就可以自己打造一個即時的 YouBike 監控儀表板了!

第12章

開發自動化的時候，務必考慮的重點

12-1 先花點時間把資料與架構整理得乾淨整齊

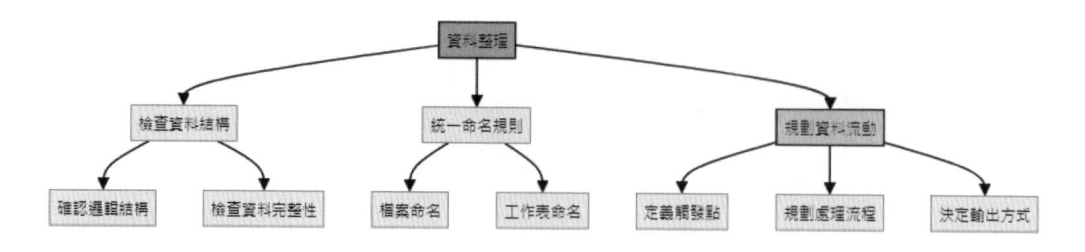

```
                          資料整理
            ┌───────────────┼───────────────┐
        檢查資料結構      統一命名規則      規劃資料流動
        ┌─────┴─────┐    ┌─────┴─────┐    ┌─────┬─────┐
    確認邏輯結構 檢查資料完整性 檔案命名 工作表命名 定義觸發點 規劃處理流程 決定輸出方式
```

你可能會以為，寫自動化就是「有資料 → 開始寫程式 → 自動化成功」。但實際上，真正的流程應該是「整理資料 → 釐清架構 → 才開始寫程式」。

就像建房子前要先整地、打地基。如果你直接在一堆雜草上蓋房子，會蓋得又慢又歪。做自動化也是一樣的道理。

▍12.1.1 把資料整理乾淨，是為了讓 AI 能聽得懂你在說什麼

AI 再聰明，也只能根據你給它的資訊來產出程式碼。如果你提供給 AI 的，是一份滿是錯誤、欄位命名混亂的試算表，AI 也只能胡亂猜測，然後給你一段「看起來好像可以用，但實際上錯很大」的程式碼。

你可能會碰到這些問題：

- 明明有資料，AI 卻說抓不到欄位。
- 程式碼只跑了一半就當掉，因為空白列太多。
- 多個檔案之間格式不一致，導致合併錯誤。

與其花時間 Debug，倒不如一開始就讓資料乾淨一點。

12.1.2 那什麼叫做「資料整理乾淨」？

以下是幾個你可以檢查的重點：

◆ 欄位命名有一致性嗎？

- 比如，有時你寫「客戶名稱」，有時寫「公司名稱」，其實是同一個意思，但 AI 看不出來。
- 最好在不同表格、不同工作表中，欄位名稱要一致。

◆ 有沒有多餘的欄位或空白列？

- 很多時候你只是「暫時加一欄來備註」，但久了變成垃圾資料。
- 自動化程式在讀取這些資料時，會因此出現錯誤或不穩定的狀況。

◆ 格式是否一致？

- 像日期欄，有些是 2024/01/01，有些是 1-Jan，有些是文字格式「一月一日」，這會讓程式很難處理。
- 金額欄有些有「NT$」、有些沒有，有些是字串、有些是數字，也是一大地雷。

◆ 資料的邏輯結構是否清楚？

- 例如：一張表格應該只代表一種結構。不要把「訂單主檔」和「訂單明細」混在一起放。
- 如果有上下層關係，例如「專案」與「任務」，請拆開不同的表，並用 ID 做連結。

◆ 命名清楚且有意義

- 檔案名稱、工作表名稱請不要叫「未命名的試算表」、「工作表 1」、「copy of 報表」這類名字。
- 命名清楚會讓你更容易溝通，也方便 AI 理解你要處理的是哪一份資料。

12.1.3 架構要整理，才能思考流程設計

除了整理資料本身之外，你也要思考資料「怎麼流動」。以下是一些值得思考的問題：

- 我的這個自動化，是從哪個動作開始？（例如表單送出、按鈕點擊、每天定時）
- 中間需要處理哪些資料？從哪裡來？要去哪裡？
- 哪些欄位會參與判斷或篩選？
- 結果要呈現在哪裡？要通知誰？

你可以畫個流程圖，也可以用 Google 文件簡單打幾行描述，這些都會幫助你在與 AI 對話時更清楚。

12.1.4 實際例子：一位行政同事的自動化案例

我曾幫一位行政同事做一個自動統整請假資料的程式。一開始她說：「每個人每個月都會交一份請假表格，放在 Google 雲端上。」

我一聽，心裡咯噔一下。打開一看，果然：每個人的請假表格格式都不一樣，有人叫「假別」，有人叫「類別」，日期格式五花八門，有人還用 merged cell（合併儲存格）做裝飾。

我跟她說：「這樣 AI 不可能幫你自動合併，因為每張表格都要用不同的程式去解釋。」

後來她願意配合，把每張表格改用一樣的模板。結果只花了我 30 分鐘寫好一個 Google Apps Script，就能每月自動統整請假紀錄了。

整理資料花了她 2 小時，但幫她省下未來每月 4 小時的人工統整工時。

12.1.5 小結：乾淨的資料與結構才能帶來有效率的自動化程式

AI 不是神。它的產出品質，完全取決於你給它什麼樣的輸入。如果你的資料乾淨、邏輯清楚、架構明確，AI 不只能幫你正確地寫出程式，還能幫你想到你沒想到的細節。

下次要寫自動化之前，請記得，先別急著開寫。

先回過頭看看你的資料，整理一下，理一理邏輯。你會發現，後面真的會輕鬆很多。

12-2 Prompt 愈具體愈好……嗎？

我們常聽到一句話：「給 AI 的 Prompt 要愈具體愈好。」這話其實沒錯，但也不完全對。

就像問路一樣，如果你知道你要去哪個捷運出口，當然愈清楚愈好；但如果你連要去哪裡做什麼都還搞不清楚，那你可能該先問問看「哪裡有好吃的牛肉麵？」而不是一股腦地說「請給我從忠孝新生站五號出口走到金峰魯肉飯的路線圖」──因為你壓根不想吃魯肉飯啊！

12.2.1 當你已經知道方向：愈具體愈有效率

如果你已經確定：我想要用 Google Apps Script，來把今天收到的 Gmail，根據主旨分類，儲存在 Google Sheet 裡。

這時候你就可以很具體地下指令：「請幫我寫一段 Google Apps Script，它會讀取今天的 Gmail 信件，根據主旨關鍵字分類，然後寫進 Google Sheet 的不同分頁。」

這種情況下，Prompt 當然是愈清楚愈好，甚至包含你想分幾個類別、關鍵字是什麼、要存進哪個試算表，都可以寫清楚。愈具體，AI 愈不容易誤解，也愈容易一次就產出能用的程式碼。

12.2.2 但如果你還不確定做法，先別急著下結論

但很多時候，我們只是「知道問題」，卻還不知道「該怎麼解決」。

比如：我想要根據每位員工的部門，自動顯示對應的主管姓名。

你可能會直覺地說：「請幫我寫一段 Google Apps Script，根據部門欄位，自動填入主管姓名。」

但其實這個需求，只要在 Google Sheets 裡用 =VLOOKUP() 函數就可以達成。

建立一張對照表，把每個部門對應的主管填好，再用 =VLOOKUP(部門欄 , 對照表範圍 , 主管名稱欄位 , FALSE)，就能讓每一列自動帶出正確的主管。

不但反應快、維護簡單，而且主管有異動時，只要改對照表就好，不用進程式碼。

如果真的需要自動寄信，再搭配 Apps Script 根據這欄主管名單去寄送，也會比整段流程都寫成程式更好管理。

所以更好的做法，是先問 AI：「這種情況可以用什麼方式實現？一定要寫程式嗎？」有時候，內建函數反而是最方便的解法。

12.2.3 「當你拿著鎚子，看什麼問題都像是釘子」

當你剛學會寫 Google Apps Script，很容易什麼都想用它來解決。

但寫程式只是眾多工具之一。有時候，也許用 Google 表單設定通知、有時候用 Zapier、有時候甚至用 Excel 篩選再寄信，就已經解決問題了。

就像你不會拿鎚子去鎖螺絲一樣，工具用對地方，才是專業。

12.2.4 案例故事：分頁顏色的啟示

我曾經看過一位朋友，他很自豪地展示他寫的 Google Apps Script。

那段程式碼可以自動批次修改 Google Sheets 裡所有分頁的檢籤顏色。

不得不說，程式寫得非常漂亮，執行也很順。

但我忍不住問他：「為什麼不直接用 Google Sheets 的內建功能？按住 Ctrl 或 Command 多選分頁，再一次改顏色，不就好了？」

他頓了一下，說：「欸？原來可以這樣？」

我猜想，他一開始可能就是問 ChatGPT：「請幫我寫一段 Google Apps Script 用來大量更改 Google Sheet 分頁的標籤顏色。」

而不是問：「如果我要大量更改 Google Sheet 分頁的標籤顏色，有什麼好方法呢？」

這兩句話的差別，看似只是措辭，但背後代表的是：你是直接給了解法，還是先問清楚方法。

很多時候，決定你走得快不快，不是 AI 回答得準不準，而是你問得夠不夠好。

12-3 你是做給自己用？還是做給別人用？

這是很多初學者常忽略的一點，但其實超級重要。這不只會影響你「怎麼寫」，還會決定你「需要寫到什麼程度」。

12.3.1 給自己用：你就是 PM、你也是使用者

如果你是為了解決自己手邊某件工作的痛點，那你可以有更多的彈性。欄位名稱可以是你自己才懂的縮寫，程式碼也可以寫得比較直白。甚至你不需要寫說明文件，因為你本來就知道要怎麼用。

例如：

- 「我想要每天自動抓主管的回信，整理到 Google Sheet 裡」
- 「我想要用表單登記同事的點心偏好，自動寄出提醒信」 -

這些東西只要你自己用得開心，不出錯就行。就像你在房間裡貼便利貼備忘，不一定要美觀，但要對你有用。

- 但這種「自己懂就好」的程式，往往有幾個潛在風險：
- 下次你自己都忘記那段程式碼是做什麼的。
- 幾個月後，需求稍微改了，你要改程式卻完全想不起當初的邏輯。
- 你請 AI 協助 debug，卻連它都看不懂你要幹嘛。

因此，即使是「自己用」的工具，還是建議你保留一些基本的好習慣：

- 程式碼加上註解（例如：這段是抓主管回信的關鍵字）
- 檔案命名清楚
- 稍微記一下操作方式，哪怕只是放一份 README.txt

你會發現，這些東西在半年後會讓你自己感激當初的自己。

12.3.2 給別人用：你不只是在寫程式，你在設計一個小產品

當你寫的東西要「讓別人使用」，情況就完全不同了。你不是寫給自己一個人看，而是要寫給一個不了解你背景的同事、客戶、主管，甚至是未來的新成員。

這就像是從「自己做便當吃」變成「開一間便當店」。不只好吃，還要外觀乾淨、標示清楚、流程順暢。

以下是你必須額外考慮的面向：

◆ 說明文件要有，流程要清楚

- 至少要有「怎麼開始用」與「遇到錯誤怎麼排解」。
- 如果能加上截圖教學會更棒。

◆ 介面清楚、欄位直觀

- 例如不要用「Y/N」這種縮寫，而是「是否啟用：是 / 否」。
- 如果要讓使用者輸入，就要有驗證機制與預設值。

◆ 錯誤處理要有彈性

- 不要因為一筆資料格式錯誤就整批失敗。
- 最好能把錯誤資料列出，提醒使用者處理。

◆ 權限管理與資料保護

- 你的程式是不是開給所有人都能執行？
- 是不是有存取敏感資料的風險？要不要加密或限制權限？

◆ 維護與交接的可能性

- 如果你離職了，別人還能接得下去嗎？
- 是否有放一份簡單的維護手冊？

12.3.3　一個有趣的案例：從小工具變成部門標準流程

曾經有個人寫了一個簡單的報名表整合工具。起初只是他一個人用，Google 表單收集資料後自動寫入報表，並通知主辦人。後來這工具太好用了，整個部門都想用。於是開始出現問題：

- 表單的欄位被改名字就壞掉了。
- 主辦人忘記開啟權限導致資料無法寫入。
- 一出錯大家都個別跑來問開發者。

於是只好重新整理整個流程：

- 所有欄位統一命名、模板固定
- 新增權限檢查與錯誤提示
- 加入 email 通知與失敗報告
- 做一份完整的「怎麼用」文件

本來只是幫一個人省時間，最後變成每次新人到職的 onboarding 標配。

這不是壞事，但如果一開始就知道「這可能會變成部門流程」，當初就一定會寫得更有彈性、更容易維護一點了。

12.3.4　小結：使用對象會改變你寫程式的方式

簡單來說：

- 如果是你自己用，請至少讓「未來的你」也能看懂。
- 如果是別人要用，請讓「不認識你的人」也能上手。

就像寫一本說明書一樣，寫給自己是備忘錄，寫給別人就要清楚、有邏輯、有備援方案。

記得：你寫的不只是程式，而是別人工作的幫手。那是一種責任，也是一種成就感。

12-4 你是短期用？還是要長期使用？

很多人在開發自動化的時候，只想著「趕快完成」，卻沒有去想「這段程式碼會活多久」。但這其實是一個關鍵問題。因為你的使用週期，會影響你要不要加強錯誤處理、要不要寫說明文件、要不要設計彈性。

我們可以把自動化工具分成兩種：應急型與長期型。

12.4.1 應急型：現在馬上就要用，之後可能就丟掉了

舉個例子：

- 「老闆明天要看到統整好的 18 份報表」
- 「客戶給我們一堆資料，要我們幫忙轉成另一種格式」

這種需求的關鍵是快。今天寫、今天測、今天用完。這時你可以：

- 不寫太多註解，只要你自己看得懂就行
- 所有變數寫死，不需要參數化
- 不特別考慮未來資料量會變多，因為你只跑一次

這樣的做法沒有問題，因為「效率優先」是這類程式的重點。但請記住一件事：**短期用的程式，很容易變長期用。**

你可能會聽到：「欸你上次幫我做的那個工具可不可以再跑一次？」然後這句話每個月都會出現一次。

所以，即使你現在只是寫一段「一次性」的程式，也建議：

- 至少加幾行註解說明用途
- 存下當時使用的資料範例，未來 debug 會很好用
- 把這段程式跟日期、用途記在一份紀錄表上

12.4.2 長期型：預期會常常使用，甚至變成公司流程的一部分

有些自動化工具，一開始你就知道會常用：

「每天早上七點抓最新庫存資料，發信給採購」

「每週整理業務報表並推送給主管」

這種情況下，你的設計就要像蓋房子一樣穩固：

設計彈性結構

- 例如把檔案名稱、工作表名稱、通知信件內容，都設成變數放在設定表裡（Config Sheet）
- 這樣當需求改變時，不用修改主程式，只要改設定即可

◆ 考慮資料規模成長

- 今天是一百筆資料，明天是一萬筆
- 你寫的程式在讀取、處理、寫入的時候，會不會變慢或失效？
- 是否可以用分批處理、只更新變動資料等手法優化？

◆ 加入錯誤處理與通知機制

- 如果抓資料失敗，是否能寄錯誤通知？
- 是否能記錄 log，幫助事後排錯？

◆ 考慮維護與交接

- 你寫的程式如果讓別人維護，對方能理解嗎？
- 有沒有簡單的說明？有沒有說明這段程式每天幾點執行？

12.4.3 真實案例：從「先用再說」變成「每天都在用」的煩惱

有一次我幫某位同事寫了一個自動抓表單回覆並整理的程式。他原本只是想：「我們下週要辦活動，我不想每天手動 copy paste 表單內容。」

我花了半天寫了一個程式，每小時自動更新報表。一開始用得很開心，但三個月後他又來找我：「可不可以加個功能，讓報表自動寄出去？」

我打開那段程式一看，發現我當初寫的全是硬編碼（hard-code），一堆變數是「憑印象」設的。修改起來比重寫還難。

從那之後，我學到一個教訓：就算你以為是短期工具，**也要預留變長期的可能。**

12.4.4 小結：判斷用途長短，決定你該下多少功夫

你不用一開始就寫得像企業系統一樣穩固。但你至少該想清楚：這個自動化會用多久？可能會擴大嗎？可能會被別人接手嗎？

想清楚這件事，再決定你是要快速產出一把水果刀，還是要慢工打造一把武士刀。

記住，程式寫得快不是壞事，但寫得久、用得久，才是真功夫。

12-5　如何進行版本控制

在你學會用 AI 寫自動化程式、成功幫自己省下一堆時間之後，你一定會開始寫越來越多的程式。

而當程式越來越多、功能越來越複雜時，總會發生幾件事：

- 不小心改到某段原本好好的程式，結果壞掉了
- 昨天寫的版本比較好，但今天的改一改變差了
- 想試試看一種新做法，但又怕改壞現在的程式

這時候，你需要的不是勇氣，而是「版本控制」。

12-6 什麼是版本控制？

簡單來說,「版本控制」就像是幫程式檔案加上時光機。

你可以隨時知道：

- 這份程式是什麼時候改的？
- 改了哪些地方？
- 改之前長什麼樣子？

而當你發現新的改動有問題,也可以「回到過去」,讓程式恢復到之前的樣子。

對新手來說,有了版本控制,能更安心地「大膽實驗、小心回復」。以下就針對三種不同語言適合的版本控制方法個別說明。

12-7 Google Apps Script：用「部署版本」來保存歷史

對於寫 Google Apps Script 的朋友，最常見的誤會之一，就是以為它會自動幫你保存每次的變更。

其實不是的！

雖然 Google 文件、試算表都有「版本歷史記錄」，但 Google Apps Script 的版本紀錄，**只有在你手動部署時，才會留下來。**

12.7.1 怎麼做版本控制？

你要用的不是「自動儲存」，而是下面這個功能：

- 部署 → 新建部署

這個版本會記錄你當下所有的程式內容，不管你改過幾次、刪了多少行，只要你部署，它就會被「凍結」保存。

日後你可以：

- 回到該版本查看程式
- 將該版本重新部署
- 比對兩個版本之間的差異（雖然界面不如 Git 好用，但夠用了）

12.7.2 小技巧：用清楚的版本名稱

部署版本時，可以加上說明，描述這個版本比起前一版修改了什麼，例如：

- v1：完成基本寄信功能
- v2：加入附件支援
- v3：錯誤處理完善

這樣以後回來找，就不會一臉懵了。

12.7.3 再次提醒：不是每次儲存都會產生版本！

這點跟平常習慣的 Google 文件或 Google 試算表不一樣，他不會隨時自動留下紀錄。

所以，如果你正在做一個比較重要的改動、或是覺得這版程式「跑得很穩了」，請務必建立一個新的部署版本，這樣才有辦法未來回頭。

12-8　Python：用「備份副本」開始，再進階使用 Git

對於用 Python 的初學者，我會建議從最簡單的做法開始。

12.8.1　方法一：手動備份副本

當你寫好一段功能，或做了一次重大改動，就可以把檔案「另存新檔」，像這樣命名：

- send_email_v1.py
- send_email_v2_test_logging.py
- send_email_final.py

這雖然有點土法煉鋼，但很直觀也很安全。適合剛開始寫 Python 的朋友。

12.8.2　方法二：使用 Git（適合進階者）

如果你開始寫比較多、比較長的 Python 程式，可以考慮使用一個叫做「Git」的工具。它是專門為版本控制設計的神器，也是世界上最多人使用的程式版本管理工具。

你可以想像它是一台更強大的時光機，可以記錄每一次程式的變化，甚至同時管理好幾個版本（像小說的平行世界一樣）。

但因為 Git 的指令與觀念對初學者比較陌生，我建議：

- 使用「圖形化」的 Git 工具（例如 GitHub Desktop、Sourcetree）
- 或者搭配 VS Code 編輯器的內建 Git 介面

等你寫到第三個、第四個 Python 自動化專案，就會發現 Git 真的是你的好朋友。

12-9　VBA：用 Excel 自帶的「檔案備份」+ 模組匯出

VBA 是內建在 Excel 裡的語言，它不像 Google Apps Script 那麼「雲端」，也不像 Python 那麼獨立。因此，版本控制的方法也不太一樣。

12.9.1　方法一：整個 Excel 檔案備份

最保險的方式，就是整個 Excel 檔案備份。你可以：

- 每次改 VBA 前，另存一份 Excel 檔案，例如 報表自動化_v1.xlsm
- 或者每天存一個日期版，如 2025-04-12_ 報表自動化.xlsm

這樣一來，就算改壞了 VBA 程式，也能用 Excel 的備份版本救回來。

12.9.2　方法二：匯出 VBA 模組（進階用）

如果你想做得更乾淨、進階一點，可以試試「匯出 VBA 模組」。

操作方式：

1. 在 VBA 編輯器裡，右鍵點選你寫好的模組（Module）
2. 選「匯出檔案」，會產出一個 .bas 檔案
3. 未來要還原，只要「匯入檔案」回來即可

這方法也很適合把某段程式碼備份、分享給別人用。

12-10 總結：三種語言的版本控制建議

程式語言	初學者建議做法	進階建議做法
Google Apps Script	手動建立部署版本	加上清楚說明並管理歷史版本
Python	檔案另存新檔，命名清楚	學會 Git，或使用 GitHub Desktop
VBA	整個 Excel 檔案另存備份	匯出 .bas 模組檔案做版本控管

不管你用哪一種語言，「備份」與「回復能力」是寫程式非常關鍵的一環。有了版本控制作為後盾，你在開發測試時就更無後顧之憂！

第13章

AI 忘了告訴你的常見問題

13-1　我的自動化程式跑好久，怎麼改善？

你是不是也遇過這種情況？

好不容易用 AI 生出一段程式，興高采烈地按下執行鍵──然後就看著程式開始工作。剛開始學習程式自動化的時候，會覺得很有趣「哇，他真的自己動起來了耶！」但沒多久之後，你就會覺得「怎麼要做這麼久……難道不能一秒完成嗎？」

甚至如果你做了一個很複雜的程式，就有可能面試畫面靜止、試算表轉圈圈、甚至瀏覽器整個當機……你心想：「是我電腦太爛嗎？」、「是不是中毒了？」這一單元，我們就來聊聊：**當你的自動化程式執行很慢時，該怎麼改善？**

先講最方便快速的結論：你可以直接問 AI：「我的程式如下，但是我覺得執行太久了，請問有沒有什麼方式可以改善執行效率？{貼上你的程式碼}」

他就會幫你優化了！

不過以下有一些優化的概念還是值得先了解一下，這樣你就可以更精準地定義問題並要求 AI 朝某個具體方向改善。

13.1.1　慢的背後，有玄機

先來認識一個重要的觀念：

> 「不是所有程式都跑得快，有些是你叫它做太多事。」

想像你請一個助理幫你印 100 份報告，如果你每印一張就叫他回報一次，助理每次都要放下手邊的事、走過來跟你說「我印好一張了」，這樣來回一百次，難怪他印得慢、你也累。

寫程式也是一樣。

如果你在 Google Apps Script 裡寫了這樣的程式碼：

```
1  for (let i = 0; i < 100; i++) {
2    sheet.getRange(i + 1, 1).setValue('Hello');
3  }
```

▲ 程式碼範例

這段程式的意思是：在試算表的第 1 到第 100 列，每列的 A 欄填入「Hello」。看起來很簡單對吧？但它實際上對 Google Sheets 發出了 **100 次操作請求**！

這就像你請助理印 100 張報告，卻每印一張就叫他來跟你回報一次。

13.1.2 改善速度的第一步：減少和 Google 的對話次數

我們常說：

> 「程式要跑得快，就要盡量『批次處理』。」

Google Apps Script、VBA、甚至 Python 跟 Google Sheets 溝通時，每一次的 .getValue() 或 .setValue() 都是一次對話。這種「來回溝通」的動作，我們叫做 **API 呼叫（API Call）**。

而每一個一來一往的 API 呼叫都需要時間。當你程式裡面每筆資料都呼叫一次，就等於塞了一堆交通在窄窄的單行道上，跑得慢就不奇怪了。

怎麼辦？

我們可以「整批抓、整批送」，用類似這樣的寫法：

```
1  // 先準備 100 筆資料
2  let values = Array(100).fill(['Hello']);
3
4  // 一次寫入整個範圍
5  sheet.getRange(1, 1, 100, 1).setValues(values);
```

▲ 程式碼範例

這段寫法的神奇之處在於──**只用了一次 setValues()，就寫入 100 筆資料。會比你一筆一筆逐筆寫入**的速度快上好幾倍。

13.1.3 避免使用太多觸發事件或 onEdit

很多人一開始會覺得 onEdit() 很方便，只要有人改表格，程式就自動執行，聽起來超棒。

但問題是：**有時候你自己打開文件、點一下格子，它也會執行。你沒做錯事**，但程式一直在偷偷地執行自己，這樣怎麼會不卡？

如果你發現試算表常常卡卡的，可以檢查一下是不是有過多的觸發事件（Triggers），或 onEdit 裡面藏了太多密集操作。

建議：除非真的必要，不要用 onEdit 做重運算的事情。

13.1.4 找出瓶頸，對症下藥

如果你已經用了批次處理，觸發器也沒太多，程式還是慢，怎麼辦？

這時候可以加一點小技巧來**測速**，也就是加上 Logger.log() 記錄程式碼每一段花多少時間。

```
1  let start = new Date();
2  doSomethingHeavy();
3  Logger.log("第一段花了 " + (new Date() - start) + " 毫秒");
4  doSomethingElse();
5  Logger.log("全部花了 " + (new Date() - start) + " 毫秒");
```

▲ 程式碼範例

這樣你就知道是哪一段最拖時間，才能針對它下手優化。

13.1.5 有些慢，是正常的

要記住一件事：

> 不是所有任務都能用程式瞬間完成，有些工作，本來就需要時間。

像是從網路上抓一堆資料、寄大量 email、讀寫幾千列資料，這些事用人工做都要好幾分鐘，程式幫你做，就算要跑個一兩分鐘也不奇怪。

比起自己手動重複做 30 分鐘，程式跑兩分鐘，還是賺到對吧？

13.1.6 小結：讓程式飛快的三個關鍵

- **減少 API 呼叫次數**：多用 getValues() 和 setValues() 一次處理整批資料。
- **避免 onEdit 過度執行**：觸發器要慎用，不然會變成背景耗能怪獸。
- **用 log 測速找瓶頸**：加上時間紀錄，讓你知道哪一段最慢。

只要掌握這幾個原則，你的程式就不再慢吞吞，從像烏龜一樣慢慢爬，變成像火箭一樣嗖地飛！

13-2 自動化大量寄信，要注意哪些事情？

很多人在學會自動化寄信後，都會興奮地想說：「太好了！我可以一鍵寄給幾百個人了！」沒錯，自動化就是為了解放雙手的，但「大量發信」這件事，其實是一門學問，處理不好，可能會讓你被 Google 封鎖帳號，甚至收不到對方的回信。

這一章，我們就來聊聊，當你打算一次寄很多信件時，需要注意的幾個關鍵點。

13.2.1 你使用的是什麼帳號？

如果你是用 Gmail 個人帳號（例如 xxx@gmail.com），每天寄信是有上限的：

- 個人 Gmail 每天最多寄 500 封信
- Google Workspace（企業版帳號）最多可以寄到 2,000 封信

這個上限是 Google 用來防止垃圾信件的重要機制。如果你不小心一次寄太多，或是信件內容看起來像廣告，就有可能觸發警示，嚴重的話，Google 可能會暫停你的寄信權限，甚至鎖帳號。

建議：

- 控制每日寄信量在安全範圍內
- 若真的需要寄出上千封信，建議使用第三方的郵件發送平台，例如 Mailchimp、SendGrid、MailerLite 等

13.2.2 你用的是哪一種自動化方式？

有些人是用 Google Apps Script 自動寄信，有些人是用 Python、或是連結 Gmail API。無論是哪一種方式，都要記得一件事：

你雖然是用程式寄信，但信還是「由你的帳號」發出的。

也就是說，不論你是用 AI 自動產生程式，還是手動寫程式碼，只要信是從你帳號發出，Google 都會把你當作「寄件人」，對你負責。

建議：

- 不要把程式碼當成隱形斗篷，想說「機器發的，應該沒事」
- 把寄信程式當作「真實的你」，像你自己坐在電腦前一封封發信一樣小心使用

13.2.3 你的收件人名單從哪來？

這一點非常重要。如果你寄信給一堆從來沒和你聯絡過的人（例如買來的名單），那你的信可能會被當作垃圾郵件。

垃圾信箱不是你想進就進的，但只要一進去，就很難再爬得出來。

建議：

- 儘量只寄信給曾經和你互動過的人（例如：填過表單、下載過東西、參加過活動）
- 收件名單最好有經過「同意接收郵件」的流程（稱為 opt-in）
- 不要貪快使用陌生名單，那只會讓你的信件發不出去

13.2.4 信件內容是不是「像垃圾信」？

Google 判斷垃圾信的方式，不只是看你寄了幾封，還會看你寄了什麼。例如下面這些內容，都很容易觸發過濾器：

- 太多驚嘆號！！！！
- 全部大寫「限時搶購」、「你中獎了」

- 有短網址或奇怪的網址
- 附加太多檔案（尤其是 .zip、.exe）
- 信件格式不正常（沒主旨、沒收件人名字）

建議：

- 寄出的每一封信，都像是你親自寫給對方的個人化訊息
- 使用收件人名字、提到對方參加過什麼活動、或是表單裡的資料
- 如果你是用 Google Apps Script 寄信，記得使用 {{ 變數 }} 插入個人化內容

13.2.5 你有提供「取消訂閱」的方式嗎？

這點常常被忽略，但卻是大量發信最重要的規則之一。

合法的大量郵件，一定要讓收件人可以「選擇不收」。

不然就會變成強迫推銷，違反多數國家的反垃圾郵件法（例如台灣的《個人資料保護法》、美國的 CAN-SPAM 法）。

建議：

- 在信件最後加上「若不想再收到這類信件，請點此取消訂閱」
- 可以用 Google 表單收集退訂名單，或設定一個專屬信箱（例如 unsubscribe@yourdomain.com）
- 如果你用的是第三方郵件平台，通常都有內建這個功能

13.2.6 小結

寄信這件事，看起來簡單，但一旦「自動化」後，就會牽涉到信任、規則、與技術的結合。我們不是要亂槍打鳥，而是要精準、有效地傳遞訊息。

所以，請記住三個原則：

- 不要貪快，要想清楚
- 不要亂寄，要對得起對方
- 不要硬衝，要有備案（像備用帳號、或第三方平台）

自動化不是無敵金身，而是一把利劍。用得好，削鐵如泥；用不好，可能反傷自己。

13.2.7 如何用 Google Apps Script 一鍵大量發信的安全範例

以下是一個簡單的範例，可以從 Google Sheets 讀取名單，並自動寄出個人化的信件。這個範例特別注意了三點：

- 每日寄信數量控制
- 個人化內容
- 附加退訂連結。

◆ Sheet 資料格式：

姓名	Email	活動名稱
小明	ming@example.com	Excel 自動化工作坊

◆ Google Apps Script 範例：

```javascript
function sendBatchEmails() {
  const sheet = SpreadsheetApp.getActiveSpreadsheet().getSheetByName("收件人名單");
  const data = sheet.getDataRange().getValues();

  const subject = "您好，{{name}}，謝謝您參加{{event}}！";
  const bodyTemplate = `Hi {{name}}，\n\n感謝您參加我們的活動：{{event}}。
我們誠摯希望您喜歡這次的內容，也歡迎您提出回饋意見。\n\n
若您不希望再收到類似信件，請填寫取消訂閱表單：https://forms.gle/unsubscribe\n\n祝好，\n活動小組`;

  let count = 0;
  const MAX_EMAILS_PER_DAY = 90;  // 預留餘裕，避免觸發限制

  for (let i = 1; i < data.length; i++) {
    const row = data[i];
    const name = row[0];
    const email = row[1];
    const event = row[2];

    const personalizedSubject = subject.replace("{{name}}", name).replace("{{event}}", event);
    const personalizedBody = bodyTemplate.replace("{{name}}", name).replace("{{event}}", event);

    GmailApp.sendEmail(email, personalizedSubject, personalizedBody);

    count++;
    if (count >= MAX_EMAILS_PER_DAY) break;  // 超過當日安全上限就停止
  }
}
```

▲ 程式碼範例

你可以把這段程式貼到 Apps Script 編輯器中，搭配試算表使用。如果每天需要寄超過 100 封以上的信，建議再細分名單，分批處理，或搭配第三方平台使用。

13-3 Google Apps Script 做的自動化功能，手機或平板也可以用嗎？

首先解釋一下：為什麼這一章我們只討論 Google Apps Script，而不提 Python 或 VBA 呢？

因為如果你希望在「手機或平板」上直接使用自動化功能，Google Apps Script 是目前最適合的選擇。

Python 雖然功能強大，但通常要搭配電腦環境、伺服器或第三方服務才容易執行。VBA 則是綁定在桌機版的 Microsoft Office 裡，根本無法在行動裝置上執行。

相較之下，**Google Apps Script 跟 Google Sheets、Google 表單這些原生雲端服務整合得非常緊密，天然支援手機和平板的使用情境**。也因此，當我們在思考「寫好程式後，行動裝置能不能用？」這件事時，GAS 是最值得探討的主角！

你可能已經學會用 AI 幫你寫出一段 Google Apps Script，讓 Google Sheet 自動寄信、自動整理資料，甚至做出一個前端小工具。不過，這時候一個很實際的問題就來了：「我在電腦上寫好的自動化功能，手機也能用嗎？」

答案是：**大多數情況下可以，而且非常方便！**

13.3.1 Google Sheet 自動化，在手機上照樣跑

如果你是用 Google Apps Script 來操作 Google Sheets，比如：

- 填表單後自動產生一筆報名記錄
- 每次打開試算表，就自動整理資料
- 點某個按鈕，就寄出 Email 給名單上的人

那麼好消息是：**這些功能手機也會照樣跑！**

因為 Google Sheet 在手機或平板 App 裡，基本上會自動執行背景的 Script，尤其是像 onEdit 或 onOpen 這類「觸發器（trigger）」的程式碼。

◆ 實例：

你設定好當有人填寫報名表後，Google Sheet 自動寄信給對方。使用者用手機填寫表單，照樣會觸發你寫好的 Script，幫你自動發信，**完全不用開電腦**。

13.3.2 App Script 做的前端網頁（Web App），當然也能手機開

你如果有進階一點，做出一個 Google Apps Script 的 **Web App**，例如：

- 一個有按鈕、選單的小工具頁
- 可以讓別人點擊操作、觸發程式的頁面
- 像是在手機上使用迷你 App 的感覺

那麼這樣的 Web App，**本質就是一個網頁**，所以當然可以用手機或平板開啟使用。

只要你把 Web App 發佈出去，取得那個網址，手機打開就可以使用。

而且，如果你有做成「RWD 響應式設計」，畫面會自動根據裝置大小調整，手機使用體驗會更好。

◆ 補充說明：什麼是 Web App？

Web App（網頁應用程式）指的是一種可以透過瀏覽器開啟的應用介面，它看起來像 App，也能互動，但不需要下載安裝。在 Google Apps Script 裡，只要你用 doGet() 或 doPost() 這兩個特別的函式，並透過「部署成網頁應用程式」功能，就可以把你的程式變成一個任何人都能透過網址開啟的小工具。

舉例來說：你可以做一個「線上請假單」，使用者開啟網址，填表按下送出，就會觸發你寫好的後端程式，自動紀錄、寄信，甚至更新資料庫。這種 Web App 介面可以設計成手機也很好操作的樣子，讓你彷彿做出一個真正的手機 App！

13.3.3　有限制的地方：無法直接在手機上寫程式

雖然 Google Apps Script 可以在手機上執行自動化功能，但有一點要注意：

你很難在手機上編輯 Script。

Google 提供的 Script 編輯器，只能在電腦瀏覽器打開，手機和 Google Sheets App 裡是看不到 Script 編輯區的。

換句話說，你可以：

- 用電腦寫好程式
- 設定好觸發方式（像是點選按鈕、時間排程、自動回應等等）
- 然後手機就能執行那些功能

但你不能在手機上打開 Script 編輯器去修改或除錯。

13.3.4　Google Apps Script 在手機上跑起來會比較慢嗎？

這是很多人會直覺想到的問題──

「那手機跑 Google Apps Script，會不會比電腦慢很多？」

這邊要稍微說明一下：**其實，大部分 Google Apps Script 的運作，都是在 Google 的雲端伺服器上執行的，跟你用什麼裝置打開，差別不大。**

簡單講，不管你用的是桌機、筆電、平板還是手機，Script 背後的邏輯，都是由 Google 的雲端來跑，而不是在你的裝置裡執行程式。所以自動寄信、自動填表、自動整理資料等動作，執行速度主要取決於 Google 的伺服器運算和網路狀況，而不是你手上裝置的處理效能。

13.3.5 那為什麼有時候感覺手機「好像比較慢」？

這裡可能是幾個原因：

- 手機網路不穩定或速度較慢（例如你在搭電梯、地下室）
- 手機裝置在載入 Web App 時動畫或畫面轉換會有些延遲
- 如果你用的是手機版 Google Sheets App，有些功能（像是點選自訂按鈕）不如電腦介面支援完整

但這些都不是 Script 本身比較慢，而是裝置顯示或操作上的小落差。

13.3.6 小結：寫在電腦，用在手機

Google Apps Script 最大的優點之一就是「**寫一次，到處用。**」

你只需要在電腦上寫好，設定好觸發邏輯，不管是：

- 背後自動跑的 Script（例如寄信、整理資料）
- 邀請別人打開的互動式工具（Web App）

這些功能，**只要透過 Google 的服務來執行**，在手機或平板上也都能順利運作。

所以，別擔心你不是坐在電腦前，這些自動化小幫手，隨時在你口袋裡 standby！

◆ 不同環境對 Google Apps Script 支援差異一覽表

功能類型	電腦瀏覽器（Chrome）	平板/手機瀏覽器	Google Sheets 手機 App
執行背景自動化（例如 onEdit）	✅支援	✅支援	✅支援
使用 Web App	✅支援	✅支援	❌不支援
編輯 Google Apps Script	✅支援	❌不支援	❌不支援
點按鈕觸發 Script	✅支援	有機會支援（看設計）	不一定支援（限制多）

只要掌握這些差異，就能更聰明地設計出能在所有裝置上運作的自動化工具，不只寫得好，也用得爽！

13-4 為什麼修改 Google Apps Script 程式都沒生效

相信不少人都有過這樣的經驗：好不容易在 Google Apps Script（以下簡稱 GAS）上寫好一段程式，為了修正某個邏輯或增添新功能，親手修改了程式碼，也按了儲存、部屬，結果卻發現程式執行時，還是老樣子，根本沒有套用新改動。這種狀況常常令人困惑，尤其是新手在跟著教學影片、或是拿著 AI 給的範例程式碼一路嘗試時，更是經常卡在這裡。

以下整理了幾個你「可能忘了詢問 AI」，或 AI 忘了特別提醒你的常見原因，以及簡單的解決方案。

13.4.1 你確定有按下「儲存」或「部署」了嗎？

雖然這聽起來有點老生常談，但許多人在 GCP（Google Cloud Platform）或 GAS 編輯器裡，往往只是更改了程式碼，卻沒有點擊上方的儲存按鈕或進行重新部署，就直接關掉視窗或去執行。結果程式當然還是跑舊版本。

解法：

- 在 Apps Script 編輯器中編輯完成後，請先按下「檔案 → 儲存」或是直接按快捷鍵（如 Ctrl + S）。
- 如果你的程式是以「Web App」形式發布（例如有提供網址給別人使用），則需要重新發布新版本，或更新已部署的版本。點擊「部署 → 新增部署 / 管理部署」，選擇你要部署的方式及版本。

13.4.2 版本管理機制：你可能在跑「舊版本」的 Web App

有時候你已經在 Apps Script 編輯器裡按下了「儲存」，但實際上使用的是一個已經部署好的「Web App」版本。GAS 的版本概念類似於「發布快照」，也就是當你在「部署」時，就把當下的程式碼凍結成一個版本，而使用者實際存取的正是那個版本。若你沒有手動更新 Web App 版本，即使程式碼已改，使用者在外部呼叫的仍然是舊版本。

解法：

- 進入「部署 → 管理部署」，找到你的 Web App 專案。
- 按「編輯」或「新建版本」，將版本更新到最新的程式碼。
- 設定好使用者權限與存取方式，再按「部署」。

這樣就能確保外部使用者（包括你自己測試時）呼叫的都是最新程式碼。

13.4.3 你改錯了地方：腳本檔案或專案混淆

在 GAS 編輯器中，如果你有多個腳本檔案（比如 `Code.gs`、`Main.gs`、`Utils.gs`），要確定自己改動的程式碼，的確是被實際執行的那一部分。有時候我們不小心把重要函式寫在錯的檔案裡，或是命名跟原本函式不同，導致實際執行的程式依舊沒變化。另外，如果你有在不同專案間來回切換（例如一個是測試環境、一個是正式環境），很可能會在錯的專案上改程式，等發現時已經浪費不少時間。

解法：

- 檢查執行的函式名稱，確定與你修改的函式名稱相符合。
- 確認自己當前操作的專案、檔案跟實際執行的專案是同一個。
- 好習慣是給每個檔案或專案做明確的註解或標題，避免混淆。

13.4.4 你的 Trigger（觸發器）未更新

GAS 常用的自動執行方式是透過「觸發器」（Trigger），包括「Time-driven trigger」（定時觸發）或「On edit trigger」（在表單或試算表被修改時觸發）。但如果你調整了程式碼，卻沒檢查原本的觸發器設定，或者忘了修改所對應的函式名稱，可能會造成觸發器根本沒在執行你的新程式。

解法：

- 在「編輯 → 目前專案的觸發器」中，確認你的觸發器指向的函式跟更新後的程式碼對得上。
- 若函式名稱更改了，請重設觸發器或更新它所執行的函式。
- 測試時可以人為觸發一下（或暫時加個手動執行的按鈕），以確認最新版本真的能被觸發。

13.4.5 AI 的解答可能沒考慮到實際運作環境

有些時候，你明明照著 AI 提供的步驟操作，但發現程式依舊無法生效。這很可能是 AI 忽略了一些需要「再三確認」的步驟，例如部署設定、權限問題，或者 AI 產生的程式碼本身就有邏輯漏洞。尤其在 GAS 環境中，權限範圍、函式取名規則、部署版本等環節有時和傳統 Web 開發不同。如果 AI 回答的是比較通用的 JS 邏輯，就可能跟實際的 GAS 運作有落差。

解法：

- 不要全盤相信 AI，直接拿到程式碼就執行。先檢查一下流程是否符合你的實際需求。
- 如果遇到執行失敗，記得查看 GAS 編輯器裡的「輸出日誌（Logs）」或「執行記錄（Executions）」，檢查是否有報錯訊息。
- 再把錯誤訊息拋回給 AI，請它進一步解釋，並記得補充你實際的執行環境與部署方式。

13.4.6 結語

「修改了 Google Apps Script 卻沒生效」是一個非常常見的情況，同樣也是很多初學者在摸索自動化時最容易卡關的痛點。AI 的回答雖然能幫你快速產生程式碼，但常常會漏掉像「部署版本」、「觸發器函式不一致」等等這些與 GAS 特性高度相關的細節。

所以，如果你發現自己已經仔仔細細照著 AI 的說明操作，程式碼卻還是跑不動，不妨重新檢查一下本節提到的幾個重點，搞不好就能找到問題的癥結所在。把這些常見問題先掌握好，再搭配 AI 的協助，你就可以在 Google Apps Script 的世界裡玩得更順手、更暢快，成功打造一個又一個輕鬆省力的自動化應用。

13-5 缺乏權限導致 Google Apps Script 自動化失敗

當你寫好了一段程式，信心滿滿地按下執行，卻發現它「什麼事都沒做」，甚至連錯誤訊息都沒有，很可能就是「帳號權限」出了問題。

在使用 Google Apps Script（或是任何整合 Google 服務的工具）時，程式的執行權限與你登入的帳號密切相關。這一點是許多初學者容易忽略，但卻經常成為自動化失敗的主因。

13.5.1 誰來執行這段程式？你以為是你，其實不是你

舉個例子：你寫了一段 Apps Script 程式碼，目的是要自動把某個 Google 表單的回應整理成報表。這段程式碼綁定在 Google Sheet 裡，由你在編輯畫面中按下「執行」。這時，**程式的執行者就是你自己**，所以程式擁有和你相同的權限，可以讀寫你的 Google Drive 裡的檔案、編輯你的試算表。

但如果你設定這段程式為「觸發器」自動執行，例如「每天早上 9 點自動執行」，那就要留意了。這種觸發器的執行者仍然是**創建觸發器的人**，但程式能不能正確運作，取決於這個帳號對相關文件是否有存取權限。

再進一步，如果你將這段程式碼設計為讓別人按按鈕執行（例如用 Google Apps Script 建一個網頁介面），那執行者就可能變成**別人**。如果那個人沒有對應的權限，程式就會在存取資料時失敗。

13.5.2 常見的權限錯誤訊息

當帳號權限不足時，Apps Script 通常會出現類似下列的錯誤訊息：

Exception: You do not have permission to call DriveApp.

Exception: Access denied: file does not exist or you do not have permission to access it.

Authorization is required to perform that action.

這些錯誤看似複雜，其實都有共通點：**程式執行的帳號無法存取某個 Google 資源。**

13.5.3 三個檢查步驟，排除帳號權限問題

以下是排查帳號權限問題時的三個基本步驟：

◆ 1. 確認執行者是誰

查看目前執行程式的是你自己、系統排程、還是其他人。如果是定時觸發器或是網頁觸發（web app），請確認誰是觸發的帳號。

◆ 2. 確認該帳號有沒有權限

該帳號是否能讀取、編輯你要操作的文件？比如說你希望程式寫入某個試算表，那這個帳號是否有這個試算表的「編輯」權限？如果是從 Google Drive 中抓取資料，該帳號是否有「檢視」或「下載」權限？

◆ 3. 使用授權方式是否正確

在某些情況下，Apps Script 的程式碼會存取使用者的個人資訊，例如 Gmail、Drive、Calendar 等。這時程式第一次執行時，會要求你授權。如果你跳過了這個步驟，或是曾經撤銷過授權，就會出現權限錯誤。你可以在瀏覽器開啟這個網址，檢查你授權過哪些 Apps Script。

13.5.4 小結：權限不是技術問題，而是觀念問題

帳號權限問題常常讓初學者卡住，以為是程式錯了，但其實只是「程式沒有權限去做你要它做的事」。這並不是程式寫錯，而是自動化工作流程中很重要的「角色設定」沒有搞清楚。

請記得這一點：**每一次程式執行，都有一個執行者；執行者能不能存取資源，**

決定了這段程式能不能成功。

掌握這個觀念後,你在未來設計自動化流程時,就能避免踩到這個常見地雷。

13-6 蛤？這個應用程式未經 Google 驗證？

你可能在執行某段 Google Apps Script 程式的時候，跳出了這樣的畫面：

⚠️「這個應用程式未經 Google 驗證」

Google 無法確認這個應用程式是否安全。

畫面下方還有一個很不友善的提示：

「請勿繼續」。

對初學者來說，這種提示很容易讓人以為自己做錯了什麼，甚至懷疑是不是寫了一支惡意程式。但事實上，這並不是錯誤，也不是你違規，而是 Google 的一個**安全機制提醒**。

13.6.1 Google 驗證是什麼？

Google 驗證（OAuth Verification）是 Google 為了**保護使用者帳號安全**，而設計的一套流程。

只要你的程式會存取某些**敏感資訊**，例如：

- Gmail 信件內容
- Google Drive 上的檔案
- Google Calendar 行程
- Google Contacts 名單

那麼 Google 會要求這段程式的開發者（也就是你）**先經過驗證流程**，確認這個應用程式的用途是正當的、安全的。

13.6.2 我只是自己用，為什麼也跳出這個警告？

這是很多人第一個疑問。

答案是：**只要你使用了敏感權限，不管是不是自己用，Google 都會跳出提醒。**

但好消息是，如果你只是自己使用這支程式（或在公司內部自己用），你**可以選擇繼續執行**。

你只要點選「進階」→「前往（你的專案名稱）」就能繼續。這不代表你繞過安全，只是代表你**理解程式的內容**，願意授權它存取你的資料。

13.6.3 什麼情況下真的需要「送審」驗證？

如果你寫了一支程式，**要給別人使用**，特別是公開讓很多人都可以點擊授權，那麼你就**必須走 Google 的驗證流程**，讓 Google 確認你的應用安全、用途正當，並讓使用者在授權時不會看到警告畫面。

驗證流程包括：

- 填寫應用程式資訊
- 說明使用目的
- 提供隱私權政策連結
- 提供實際操作的 demo 影片或畫面
- 通過 Google 的人工審查

這個流程對個人開發者或小型專案來說**不容易通過**，但如果你的自動化工具打算提供給大量用戶，這是必要的一步。

13.6.4 如果我只是自動處理自己的 Gmail、Drive、日曆呢？

如果只是你自己用，而且程式是你自己寫的，那麼即使出現這個提示，只要你確定程式安全，**你可以放心點選繼續執行。**這個畫面只是提醒你「Google 還沒幫這支程式背書」，但它不代表這支程式有問題。

請記得：**這是保護使用者的提醒，不是開發者的錯誤。**

13.6.5　小結：不要怕「未經驗證」，但要理解背後的意義

這個提示雖然看起來很可怕，但只要你是自己寫、自己用的自動化腳本，它其實只是流程中的一個提醒，不會阻礙你繼續進行。真正需要注意的是：

- 你是否真的知道這段程式會存取哪些資料？
- 你是否清楚這段程式的行為？
- 你是否將這段程式提供給別人用？

只要你能回答以上問題，這個警告就不必成為阻力。

13-7 什麼是 API？怎麼用 API？

你有沒有想過，程式要怎麼「連到 Google 表單去抓資料」？又或者「自動從天氣網站查明天天氣」、「自動幫你寄出 Slack 訊息」？

答案通常就是：用 **API**。

但別怕，這聽起來很技術，其實你可以把 API 想成——**程式之間的溝通管道**。

13.7.1 API 是什麼？一個超簡單比喻

想像你走進一家餐廳，點餐的時候，你不會直接衝進廚房跟廚師吵著要牛肉麵，你會把菜單拿給服務生，請他幫你點餐。

在這個比喻裡：

- 你是「使用者」
- 廚房是「系統（例如 Google 或某網站）」
- 那個幫你點餐的服務生，就是 **API**

你不需要知道廚師怎麼煮麵（也不需要會程式怎麼寫），你只要把「菜單上要的東西」交給 API，API 會把你的請求轉達給系統，系統做好東西後，再透過 API 把結果送回來給你。

這就是 API 在程式世界中的角色：**幫你把「我要什麼」傳出去，然後把「系統給你的答案」拿回來**。

13.7.2 常見的 API 用法有哪些？

以下是一些你可能會用到的實際例子：

- 抓天氣資料：用氣象局的 API，每天早上自動寄今天的天氣報告給自己。
- 查匯率：用金融網站的 API，自動換算美金或日幣。

- 發 Slack 或 Line 訊息：用聊天平台的 API，自動傳訊息通知團隊。
- 從 Google 表單或表單服務取得填寫資料。
- 抓圖片、影片、地圖… 這些也都有 API 可以用。

13.7.3 API 長什麼樣子？我會看得懂嗎？

其實滿像一個網址，但會多一點參數，例如這樣：

```
https://api.weatherapi.com/v1/current.json?key=你的API金鑰&q=Taipei
```

▲ 程式碼範例

看不懂沒關係，簡單說明一下結構：

`https://api.weatherapi.com/v1/current.json`：這是 API 的入口網址

`?key=` 你的 `API` 金鑰：這是你專屬的身份識別碼，證明你有權使用這個 API

`&q=Taipei`：這是你要查的城市（台北）

就像是你遞出去的「菜單」，上面寫清楚「我是誰」、「我想要什麼」。

13.7.4 那我要怎麼「用 API」？

你可以寫一段程式去「發送 API 請求」，再「接收回來的資料」。這通常用到一個叫做 `fetch` 或 `UrlFetchApp` 的指令（以 Google Apps Script 為例）：

```javascript
function getWeather() {
  var url = 'https://api.weatherapi.com/v1/current.json?key=你的金鑰&q=Taipei';
  var response = UrlFetchApp.fetch(url); // 這行幫你發出請求
  var data = JSON.parse(response.getContentText()); // 把回來的資料轉成你看得懂的格式
  Logger.log(data.current.temp_c); // 顯示目前氣溫
}
```

▲ 程式碼範例

但不用擔心程式看不懂，這本書的重點就是教你怎麼用 **AI 幫你生成這段程式碼**。

你只要學會「怎麼跟 AI 說你想做什麼」，剩下的交給 AI！

13.7.4 要怎麼拿到 API？

每個服務都不太一樣，但大致流程如下：

- **註冊帳號**（像是申請氣象 API，你要先去網站申請）
- **取得 API 金鑰**（API key）：這像是你專屬的身份證，系統才能辨識你。
- **看 API 文件**：上面會教你怎麼組合網址、有哪些參數可以加。

別擔心文件太難懂，很多網站都有簡易的說明，或是也可以直接丟給 AI 看。

13.7.5 最後重點整理

- API 就是讓「程式與程式之間能溝通」的橋樑
- 你不需要會寫程式才能用 API，你只要會「說你想要什麼」
- 多數情況，只要提供一個 API 網址 + 一個 API 金鑰，就可以開始抓資料了
- AI 可以幫你翻譯 API 文件、幫你寫 API 程式碼

13.7.6 給初學者的一句話

你不用自己動手寫一堆程式，只要學會問問題，AI 和 API 會幫你完成一大半的事！

第14章

不只用 AI 寫程式,更把 AI 加入你的程式

14-1 如何在你的程式裡使用 AI 之力

我們在前幾章已經學會了一件很神奇的事情——不用自己寫程式，問 AI 就能幫我們產出一段好用的自動化程式碼。但如果我告訴你，AI 不只能「幫你寫程式」，甚至還能「變成你程式的一部分」呢？

這一章，我們就要踏出這一步。

讓我們的程式變得更「聰明」，不只執行機械任務，還能像個助理一樣思考、判斷，甚至用自然語言理解資料。

14.1.1 為什麼要把 AI 加進你的程式？

來看看幾個常見的工作場景：

- 客戶填寫了一份意見表單，你想知道他是抱怨、建議還是稱讚。
- 每天下午你會收到一堆報告，但你只想快速知道重點是什麼。
- 你收到一封信，內容很長，主管要你「幫我看一下重點」。

這些任務如果完全靠人來做，其實很浪費時間；但要讓傳統程式自動判斷情緒、摘要內容，也不容易。而現在，有了 ChatGPT 或 Gemini，這些事都可以自動完成。我們只要把這個 AI 的能力，整合進我們自己的自動化流程裡，就能讓程式不只是執行指令，而是「參與決策」。

14.1.2 什麼是「把 AI 加進程式」？

很多人一開始會搞混，但這是兩回事：「請 AI 幫我寫一段程式」≠「把 AI 放進我的程式裡」

前者是你在開發階段，請 AI 產生程式碼；後者是你在執行階段，讓程式主動「去問 AI 一個問題」，然後根據 AI 回答來做事。

舉例來說：你寫了一段 Google Apps Script，自動整理表單資料。如果你希望它能「自動判斷每筆回饋的情緒」，你就可以加上這段邏輯：

- → 把使用者的文字送去 AI，問：「這段話是正面、負面還是中立？」
- → 然後根據 AI 的回覆，自動填到下一欄。

這就是「讓程式自己去問 AI」，也就是所謂的「呼叫 API」。

14.1.3　如何用 Google Apps Script 接 AI？

要讓程式去問 ChatGPT 或 Gemini，我們通常會用到一個東西叫做「API」。簡單來說，API 就像是一扇窗戶。你的程式可以透過這扇窗戶，向外界的服務（比如 OpenAI、Gemini）發送一段話，然後得到一個回覆。詳細關於 API 的說明，可以參見本書「什麼是 API？怎麼用 API？」這一章節。

以呼叫 OpenAI 的 API 為例，我們需要準備：

- 一個 **API 金鑰（API Key）**：像是進入 AI 系統的通行證。
- 一段 **程式碼**：把我們的問題送出去，然後接收回覆。

那要怎麼取得 API Key 呢？市面上的 AI API 還蠻多的，以下以 OpenAI 和 Gemini 為例。

◆ 取得 OpenAI API Key

- 開啟瀏覽器，前往 https://platform.openai.com/account/api-keys
- 登入你的 OpenAI 帳號（沒有的話可以免費註冊）
- 點選「+ Create new secret key」
- 系統會產生一串像這樣的字串：sk-xxxxxxxxxxxxxxxxxxxxxxxxxxxxxxxxxxx
- **複製起來並好好保存**（這串金鑰只會顯示一次）

- 在你的程式碼中填入這串字串，但請避免直接公開，建議使用環境變數或外部儲存檔案。

提醒：OpenAI 提供免費額度，但有使用上限，請留意帳號頁面中的「用量（Usage）」資訊。

◆ 取得 Gemini API Key

- 開啟瀏覽器，前往 https://aistudio.google.com/app/apikey
- 登入你的 Google 帳號
- 點擊「Create API key」按鈕
- 系統會顯示一串金鑰（例如：`AIzaSyDxxxxxxx...`）
- **記得保存下來並妥善保管**
- 使用這個金鑰可以呼叫 Gemini 的各種模型，包括文字生成、聊天機器人、文字分類等功能。

提醒：Gemini API 屬於 Google 的一部分，使用上可能會受限於 Google Cloud 的免費額度與政策。若要進階使用，可能需要綁定信用卡。

不論是哪個平台，**API Key 都是私密資訊**，千萬不要放在公開的程式碼分享網站上。

若不小心洩漏了，記得立刻進去後台「Revoke」並重新產生一組新的金鑰，不然如果別人盜用了你的 API Key，你的信用卡帳單可能會爆炸。

那有了 API Key，要怎麼用程式去呼叫呢？下面是一段簡單的範例：

```
function askChatGPT(promptText) {
  var apiKey = 'YOUR_API_KEY'; // 請記得保密，不要外流！
  var url = 'https://api.openai.com/v1/chat/completions';

  var payload = {
    model: "gpt-3.5-turbo",
    messages: [{role: "user", content: promptText}],
    temperature: 0.7
  };

  var options = {
    method: 'post',
    contentType: 'application/json',
    headers: {
      Authorization: 'Bearer ' + apiKey
    },
    payload: JSON.stringify(payload)
  };

  var response = UrlFetchApp.fetch(url, options);
  var result = JSON.parse(response.getContentText());
  return result.choices[0].message.content.trim();
}
```

▲ 程式碼範例

這樣只要呼叫 askChatGPT("請問這段話的情緒是什麼：我今天真的受夠了！")，就會得到像是「負面」這樣的文字。

14.1.4 初學者也能懂的 Prompt 設計技巧

你會發現，最關鍵的並不是程式碼，而是你問 AI 的那句話，也就是「prompt」。prompt 說得好，AI 就幫你做得好。

這裡有幾個 prompt 設計的小技巧：

加上角色設定：請你扮演一位情緒分析專家。

加上輸出格式：請回傳三個選項之一：正面、負面、中立。

加上範例：例如「我今天好開心」→ 正面

你也可以根據表單內容，自動組出一段動態 prompt，例如：

```
1  var feedback = row[2]; // 第三欄是使用者意見
2  var prompt = "請判斷以下文字是正面、負面還是中立：\n" + feedback;
3  ;
```

▲ 程式碼範例

這樣，每一筆資料都可以獨立向 AI 發問，得到獨立的回答。

14.1.5　AI 回傳結果的處理技巧

AI 回來的答案，可能不是你想像中那麼一致。有時候會回「這是一段負面情緒的文字」，有時候只回「負面」或「負面情緒」。為了讓後續流程順利進行，建議你：

請 AI 回傳固定格式，例如：「請只回：正面 / 中立 / 負面」

讓 AI 回傳 JSON 格式，這樣更方便程式解析

加上容錯機制，遇到不懂的回覆，記錄起來，方便你後續優化 prompt

範例錯誤處理：

```
1  var result = askChatGPT(prompt);
2  if (["正面", "中立", "負面"].includes(result)) {
3    sheet.getRange(rowIndex, 5).setValue(result);
4  } else {
5    sheet.getRange(rowIndex, 5).setValue("無法判斷：" + result);
6  }
7  }
```

▲ 程式碼範例

14.1.6 情境案例：打造一個 AI 加持的自動化工具

接下來，我們用一個實際案例，整合上面所有概念。**情境**：收集問卷後，自動判斷每則意見的情緒，並填入試算表中。

流程如下：

使用者填寫 Google 表單。

表單送到 Google Sheet。

設計一個觸發器（trigger），每收到一則新的回覆，就自動觸發程式呼叫 AI。

用 AI 判斷該列的情緒，並填入新欄位。

最後，我們還可以加上「每日自動寄信」，把情緒比例報告寄給主管。是不是已經有點像「智慧助理」了呢？

14.1.7 常見錯誤與除錯技巧

你很可能會遇到以下幾種狀況：

`Request failed for ... returned code 401` → API Key 錯誤或過期

`Returned code 429` → 超出使用頻率限制，請等一會再試

AI 回的內容不是你要的格式 → 可能 prompt 太模糊，請回去重新設計

重複送出一樣的資料 → 建議在程式中加上「已分析」的註記，避免重複分析

這些錯誤，不用怕。我們見招拆招。都可以再把錯誤訊息拿來問 AI，通常都可以得到有效的解方。每解決一個小錯誤，都是你成為 AI 工程師的一大步！

14.1.8 結語：讓 AI 成為你的第二大腦

從此以後，你不再只是請 AI 幫你寫程式，而是讓 AI「進駐你的程式」。你不再只是操控機械人，而是打造一個能聽懂話的助手。這就是未來工作的樣貌。現在，未來已經到來。

14-2 三個內建 AI 之力的例子

14.2.1 讓 AI 幫你自動寫信

情境舉例： 你是人資、行政、業務、或是經常要聯絡人的專業人士。每天要寄出或回覆大量格式雷同、內容變化不大但仍需個別處理的信件。像是寄出面試通知、邀請參加會議、回覆客戶詢問等。這些信件雖然機械但不能完全用制式模板處理，稍不注意就會寄錯名字或內容。

AI 的角色： AI 能根據收件人資訊、主題與內容提示，自動產出一封語氣恰當、文法正確、格式完整的郵件草稿。你只需要給它正確的資訊，它會自動生成一封可直接寄出的信。

Google Apps Script 實作方式：

在 Google Sheets 中建立三欄：姓名、主題、內容提示。

使用以下程式碼：

```
function sendSmartEmail() {
  const sheet = SpreadsheetApp.getActiveSpreadsheet().getSheetByName('信件清單');
  const rows = sheet.getDataRange().getValues();
  const apiKey = '你的 OpenAI API 金鑰';

  for (let i = 1; i < rows.length; i++) {
    const name = rows[i][0];
    const topic = rows[i][1];
    const info = rows[i][2];
    const prompt = `請幫我寫一封正式郵件，主旨是 ${topic}，收件人是 ${name}，內容重點是: ${info}`;

    const response = UrlFetchApp.fetch('https://api.openai.com/v1/chat/completions', {
      method: 'post',
      contentType: 'application/json',
      headers: {
        Authorization: 'Bearer ' + apiKey
      },
      payload: JSON.stringify({
        model: 'gpt-3.5-turbo',
        messages: [{ role: 'user', content: prompt }]
      })
    });
```

```
24      const result = JSON.parse(response.getContentText());
25      const message = result.choices[0].message.content;
26
27      GmailApp.sendEmail('test@example.com', topic, message);
28    }
29  }
```

▲ 程式碼範例

Python 範例（適合搭配自動寄信工具）：

```
1   import openai
2   import smtplib
3   from email.message import EmailMessage
4
5   openai.api_key = '你的 OpenAI API 金鑰'
6
7   prompt = "請寫一封正式的會議邀請信，收件人是 Alice，會議主題是產品發表，時間是下週一上午 10 點"
8   response = openai.ChatCompletion.create(
9       model="gpt-3.5-turbo",
10      messages=[{"role": "user", "content": prompt}]
11  )
12
13  content = response.choices[0].message.content
14
15  msg = EmailMessage()
16  msg.set_content(content)
17  msg["Subject"] = "產品發表會議邀請"
18  msg["From"] = "you@example.com"
19  msg["To"] = "alice@example.com"
20
21  with smtplib.SMTP("smtp.gmail.com", 587) as server:
22      server.starttls()
23      server.login("you@example.com", "yourpassword")
24      server.send_message(msg)
```

▲ 程式碼範例

14.2.2 讓 AI 幫你自動給評語

情境舉例： 你是主管或老師，要對每位員工或學生的表現做出文字回饋。雖然你有 KPI 或分數資料，但要逐筆撰寫評語既花時間又容易詞窮。有時候還得根據高低分數調整語氣，比如分數高就給鼓勵，分數低就給建議。

AI 的角色： AI 可根據每筆數據自動生成有深度又具建設性的評語，甚至能加上個別化風格（如幽默、嚴謹、鼓勵等），減少你重複寫作的負擔。

Google Apps Script 實作方式：

```javascript
function generateFeedback() {
  const sheet = SpreadsheetApp.getActiveSheet();
  const values = sheet.getDataRange().getValues();
  const apiKey = '你的 OpenAI API 金鑰';

  for (let i = 1; i < values.length; i++) {
    const name = values[i][0];
    const score = values[i][1];
    const prompt = `這位員工的績效評分是 ${score}，請以正向語氣給出一句具體的評語。`;

    const response = UrlFetchApp.fetch('https://api.openai.com/v1/chat/completions', {
      method: 'post',
      contentType: 'application/json',
      headers: {
        Authorization: 'Bearer ' + apiKey
      },
      payload: JSON.stringify({
        model: 'gpt-3.5-turbo',
        messages: [{ role: 'user', content: prompt }]
      })
    });

    const result = JSON.parse(response.getContentText());
    sheet.getRange(i + 1, 3).setValue(result.choices[0].message.content);
  }
}
```

▲ 程式碼範例

VBA 範例（適合 Excel 使用者）：

```vba
Sub 評語產生器()
    Dim prompt As String
    Dim feedback As String
    Dim http As Object, JSON As Object
    
    prompt = "這位學生的成績是 88 分，請給一句激勵性評語。"
    
    Set http = CreateObject("MSXML2.XMLHTTP")
    Set JSON = CreateObject("Scripting.Dictionary")
    
    JSON.Add "model", "gpt-3.5-turbo"
    JSON.Add "messages", Array(CreateObject("Scripting.Dictionary"))
    JSON("messages")(0).Add "role", "user"
    JSON("messages")(0).Add "content", prompt
    
    http.Open "POST", "https://api.openai.com/v1/chat/completions", False
    http.setRequestHeader "Content-Type", "application/json"
    http.setRequestHeader "Authorization", "Bearer 你的 OpenAI API 金鑰"
    http.Send JsonConverter.ConvertToJson(JSON)
    
    feedback = http.responseText
    MsgBox feedback
End Sub
```

▲ 程式碼範例

14.2.3 讓 AI 幫你自動分類

情境舉例： 你收集了大量客服留言、問卷回覆、商品評論等自由文字內容。你希望能自動幫這些內容分類：哪些是抱怨？哪些是稱讚？哪些需要人工處理？但文字內容太多太雜，用傳統關鍵字無法精準分類。

AI 的角色： AI 可以理解語意，幫你自動判斷每段文字屬於哪一類型，甚至能摘要或指出可能需要回覆的重點，讓你集中資源處理真正重要的訊息。

Google Apps Script 實作方式：

```
 1  function classifyFeedback() {
 2    const sheet = SpreadsheetApp.getActiveSheet();
 3    const apiKey = '你的 OpenAI API 金鑰';
 4    const data = sheet.getDataRange().getValues();
 5
 6    for (let i = 1; i < data.length; i++) {
 7      const content = data[i][0];
 8      const prompt = `請將以下內容分類為「客服」、「建議」、「抱怨」或「其他」：${content}`;
 9
10      const response = UrlFetchApp.fetch('https://api.openai.com/v1/chat/completions', {
11        method: 'post',
12        contentType: 'application/json',
13        headers: {
14          Authorization: 'Bearer ' + apiKey
15        },
16        payload: JSON.stringify({
17          model: 'gpt-3.5-turbo',
18          messages: [{ role: 'user', content: prompt }]
19        })
20      });
21
22      const category = JSON.parse(response.getContentText()).choices[0].message.content;
23      sheet.getRange(i + 1, 2).setValue(category);
24    }
25  }
```

▲ 程式碼範例

14.2.4 結語：你不只是在用 AI，而是跟 AI 合作

把 AI 放進你的程式，就像請了一位看得懂人話、寫得出文案、擅長理解語意的虛擬助理。

你不需要告訴它「要用哪個關鍵字才算抱怨」，你只需要給它一句提示，它就能自己去理解、判斷、給出建議。

這就是「AI-assisted automation」的力量──當你開始不只「用 AI 寫程式」，而是「讓 AI 成為程式的腦」，你會發現工作可以更快、更輕鬆，甚至有一點好玩。

第15章

可以靠 AI 寫程式,當然也可以靠 AI 做網頁

15-1 什麼是前端與後端？

前面幾章我們介紹了很多「後端自動化」的案例，也就是你按一個按鈕、每天自動寄信、系統幫你整理表單、搬檔案，這些事情通常是「在背後偷偷完成」的。

但其實你也可以做一些「眼睛看得到、手也點得到」的東西。沒錯，你可以自己做一個網頁，長得漂亮、功能實用，還可以連到後端的自動化程式，一整套工具自己搞定。而且，這些也可以用 AI 一樣一樣幫你生出來。

不過到底什麼是「前端」什麼是「後端」呢？

15.1.1 淺談前端與後端的概念

你有沒有想過，當你打開一個網頁，點擊按鈕、填寫表單、看到結果，這背後到底發生了什麼事？

我們常聽到「前端」跟「後端」這兩個詞。聽起來很工程、很技術，但事實上，就像餐廳的前台和廚房一樣直覺。

15.1.2 前端是你看得見的部分

「前端」就是使用者可以直接看到、碰到、操作的那一面。

就像你走進一間餐廳，看到的菜單、服務生、桌椅擺設，這些就是「前端」。在電腦世界裡，前端包含：

- 你看到的網頁設計（顏色、字體、按鈕）
- 可以點擊的功能（像是送出表單、播放影片）
- 互動效果（滑鼠移過去會有動畫、點下去會變色）

這些東西通常是用 HTML、CSS 和 JavaScript 做出來的。但放心，這本書不會教你寫那些看起來密密麻麻的程式碼，而是教你用 AI 幫你「產出」它們！

15.1.3　後端是你看不到的部分，但一樣重要

那麼「後端」呢？它是負責處理背後邏輯的那一端，像是：

- 你送出表單後，資料去哪裡儲存？
- 系統要怎麼查出你上週點的餐？
- 註冊會員時，怎麼知道這個帳號已經存在？

這些都是「後端」在處理。

我們再用餐廳來比喻：當你跟服務生點餐（前端），服務生會把你的點餐單交給廚房（後端），廚師就開始煮菜。菜煮好後，送回前台給你享用。你不會進廚房，但你會知道「某個地方」幫你完成了料理。

一般後端常用的語言包括 Python、PHP、Node.js，甚至是 Google Apps Script 也可以視為一種簡易後端工具喔！

15.1.4　為什麼我要懂這些？我又不是工程師！

你不需要變成專業工程師，但如果你想要自動化某些工作流程、讓一個填寫表單的動作自動存進 Google Sheet、發出通知信，甚至幫你自動統計資料，那你就已經在做「前端 + 後端」的事了！

前端：做一個讓別人可以填資料的畫面（像 Google 表單或你自己生成的網頁）

後端：寫一段程式，把資料存到你指定的位置，甚至再寄一封通知信

這就是我們要教你的事情，用簡單的方式、搭配 AI 協助，讓你不會寫程式也能做出自動化系統。

15.1.5 三個結合前端簡單例子

做一個表單給別人填資料

你可能會想:「Google 表單不就可以了嗎?」

當然可以,但如果你想要更多自訂樣式、更複雜的輸入驗證邏輯,或是讓它看起來更「像你自己做的網站」,你可以用 HTML + JavaScript 打造自己的表單。而且這個表單可以直接送資料到你後面寫好的自動化程式,比如:幫忙把資料自動整理、通知主管之類的。

做一個內部用的小工具頁面

比方說,你每天要查某個產品的庫存量,可以自己做一個輸入產品名稱、按一下就查出結果的小網站。背後就是 Google Apps Script 接收你的輸入,去找資料,再把結果回傳到你的網頁上。

做一個「酷酷的儀表板」

把你每天統計出來的數據用圖表顯示出來,看起來超級專業。比如你的後端程式每天整理 Excel 資料,把數據存在 Google Sheet,你的前端就可以做出線圖、圓餅圖,讓老闆一看就懂。

15.1.6 需要學 HTML/CSS/JavaScript 嗎?

老實說,如果你要「自己從零寫」,這三個語言都需要一點基本功。

但重點來了:**你可以靠 AI 幫你搞定這些前端程式碼。**

你只需要告訴它幾個關鍵資訊:

- 我要一個表單,有三個欄位:姓名、Email、留言
- 表單送出後要呼叫這段 Apps Script

- 頁面用藍色為主，看起來簡潔專業一點
- 拜託幫我加一點說明文字，提醒使用者怎麼填

AI 通常就能幫你生出完整的 HTML + JavaScript 程式碼，甚至連 CSS 都處理好了。你只要複製貼上到 Google Apps Script 的「網頁編輯介面」裡面，發佈成網頁，完成。

15.1.7 總結：前端與後端，就像點餐與做菜

前端 是你看到的畫面，負責跟使用者互動

後端 是在背後運作的系統，負責處理資料與邏輯

就像餐廳的服務生與廚師，一起合作來滿足客人的需求。自動化程式也常常需要兩邊合作，才能做出一個功能完整的自動化。

在下一個單元，我們會用實際案例，帶你從前端開始，一步步打造屬於你的自動化流程！

15-2 從零做出你的第一個前端網頁

15.2.1 簡易表單

雖然我們說過：不要重複造輪子！如果已經有現成的功能，就不需要自己做了，拿別人做好的來用即可。但我們在這邊就要來練習做一個非常簡單、完全可以用 Google Forms 來取代的表單。

因為這是一個很適合用來學習的範例，當我們先學通這個簡單的前後端案例，之後就可以自己做出各種花式變化了。請跟著以下步驟試試看：

◆ 建立 Google Apps Script 專案

打開 script.new，建立一個新的專案。

◆ 新增一個 HTML 檔案

點左上角「＋」，選「HTML」，命名為 `index.html`。

◆ 請 ChatGPT 幫你產生 HTML 程式碼

Prompt 可以長這樣：

> 請幫我用 HTML + JavaScript 寫一個簡單的網頁，有一個表單讓使用者輸入「姓名」和「Email」，然後送出時要呼叫我這段 Google Apps Script 函式 doSubmit()，頁面風格簡單清爽一點，適合內部工具使用。

◆ 在 Code.gs 中建立 doSubmit 函式

```
1  function doSubmit(data) {
2    Logger.log("收到資料： " + JSON.stringify(data));
3    // 可以在這裡把資料寫進 Google Sheet，或做別的事
4    return ContentService.createTextOutput("成功收到！ ");
5  }
6  }
```

▲ 程式碼範例

◆ 發佈網頁

點選「部署」→「部署為網頁應用程式」，選「所有人皆可存取」，按下部署。

◆ 打開網址，測試一下！

部署完之後，會得到一個網址。恭喜你，你的網頁就做好了！

15.2.2 給零基礎的你一點信心

你可能還是會怕怕的，想說「真的可以嗎？我不是前端工程師耶！」沒關係，這本書就是寫給不是工程師的你。你不用知道每行程式碼的意思，你只需要會看得懂大方向，知道 AI 寫出來的東西怎麼貼上、怎麼用，這樣就夠了。

如果你有跟著前面的案例掌握了後端自動化的技巧，就會發現其實都沒有原本想的那麼難。當你也掌握了前端的操作方法，那你就可以做出更多靈活的運用了！ 程式技能不是你的天花板，你的想像力與創造力才是你的極限。

15-3 關於前端你值得知道的 prompt

15.3.1 為什麼要學前端 prompt？

在自動化流程裡，很多功能我們都靠程式後端來處理：例如抓資料、整理報表、寄信、傳訊息。這些你都可以靠 Google Apps Script、Python、或 VBA 來做。

但如果你想要**讓使用者主動操作程式**，比如**填表單、點按鈕、上傳檔案**，那就需要一個前端介面。

這時候，用 ChatGPT 寫一段 prompt，它就可以幫你生成一個小小的網頁畫面，內含按鈕、輸入框、下拉選單……再搭配後端程式，就能實現互動式自動化。

15.3.2 初學者能用的前端元件有哪些？

以下是幾個**最常見又實用的元件（element）**，你可以直接在 prompt 裡面跟 ChatGPT 說你需要：

元件名稱	用途說明	Prompt 範例
按鈕（button）	讓使用者點一下來觸發某段程式	「請幫我建立一個網頁，裡面有一顆『產生報表』的按鈕」
輸入框（input text）	輸入姓名、信箱、數字等	「我需要一個輸入框讓使用者填寫 Email」
下拉選單（select）	選擇某一個選項	「幫我建立一個下拉選單，有選項 A、B、C」
表單（form）	收集多筆資料並送出	「請產生一個表單，包含名字和信箱兩個欄位，還有一個送出按鈕」
檔案上傳（file input）	讓使用者上傳檔案	「我需要一個網頁可以讓使用者上傳 Excel 檔案」

15.3.3 怎麼下 prompt？三個萬用公式

這裡提供三種實用的 prompt 模板，讓你可以快速請 ChatGPT 幫你產生前端頁面：

◆ 1. 純前端功能型 prompt

「請建立一個匯率轉換計算機的網頁。」

說明：這種 prompt 適合你想要給使用者一個單純的前端工具，不一定會觸發其它自動化流程。

◆ 2. 表單型 prompt

「幫我產生一個簡單的網頁，讓使用者輸入名字和 Email，按下送出後資料會傳給後端。」

說明：這種最適合收集資訊，例如報名表單、問卷、設定值等。

◆ 3. 外掛型 prompt

「我想讓這段 Google Apps Script 加上前端畫面，請幫我產生一個對應的 HTML 頁面，按下按鈕後可以觸發 main() 函式。」

說明：這是很多 GAS 使用者最常用的套路──原本只有程式碼，現在想配一個畫面給使用者操作。

15.3.4 示範案例：建立一個「匯率轉換工具」的純前端頁面

我們來實際看一個純前端功能型 prompt 和 ChatGPT 回的範例。

◆ Prompt：

```
1  請建立一個簡單的匯率轉換頁面，使用者可以輸入金額、選擇貨幣（例如 USD 轉 TWD），按下按鈕後就會顯示換算結果。
```
▲ 程式碼範例

◆ AI 給的程式：

```html
 1  <!DOCTYPE html>
 2  <html>
 3  <head>
 4  <title>匯率轉換工具</title>
 5  <script>
 6    function convertCurrency() {
 7      const amount = parseFloat(document.getElementById('amount').value);
 8      const rate = 30.5; // 假設 USD 兌 TWD 匯率
 9      const result = amount * rate;
10      document.getElementById('output').innerText = `換算結果：${result.toFixed(2)} TWD`;
11    }
12  </script>
13  </head>
14  <body>
15  <h2>匯率轉換（USD → TWD）</h2>
16  <input type="number" id="amount" placeholder="請輸入金額" />
17  <button onclick="convertCurrency()">開始換算</button>
18  <p id="output"></p>
19  </body>
20  </html>
```
▲ 程式碼範例

是不是很直覺？ 這是一個「完全不需要後端」的純前端範例，適合做工具原型、練習介面設計，或當作展示頁面使用。

15.3.5 小提醒：Google Apps Script 使用前端的關鍵函式

當你在 Google Apps Script 加入前端畫面時，常會用到以下兩個關鍵 API：

1. google.script.run：從前端呼叫後端函式
2. google.script.run.withSuccessHandler(…)：處理後端回傳結果後，要做什麼事

你可以這樣寫：

```
google.script.run.withSuccessHandler(function(result) {
  document.getElementById('output').innerText = result;
}).yourFunctionName();
```

▲ 程式碼範例

這樣就能實現「前端操作、後端處理、再把結果顯示在畫面上」的互動流程。

15.3.6 結語：學會下 prompt，就能做出自己的小工具介面

其實你不用學 HTML 也能打造前端介面。你只需要練習怎麼跟 ChatGPT 說出需求。

透過本章介紹的 prompt 範例和元件，你已經有能力做出一個：有輸入欄位、有按鈕、可以跟後端程式對話的互動介面。

這樣的前端頁面，不只讓自動化變得更直覺，還能讓同事、主管都願意用你寫的工具。

如果你想練習，試著挑一個你常做的工作，然後想一想：「這件事的自動化工具，如果能有個介面給人操作，會長什麼樣子？」 再把這個畫面用文字描述出來，就是最棒的 prompt 練習！

第16章

這只是開始

16-1 在修練的道路上持續精進

你已經走到這裡了。代表你不是只想「看 AI 幫我寫段程式」就滿足的人。你想要更進一步 —— 讓 AI 成為你日常工作流程裡的可靠助手，甚至想自己學會改一點程式碼，調整一些細節。這一章，我們不教你寫程式，但會指給你更多「成為魔法師的方法」。

16.1.1 加速學習的技巧

很多人都以為，要學會寫程式，一定要從變數、迴圈、函式開始背。其實不然！從生活中的實例出發，反而更容易學會。以下是我推薦的幾個延伸方向：

◆ 參考別人做的自動化案例

不管學什麼技能，從模仿中學習始終是高效的好方法。如果有看到別人分享的自動化案例，不妨瀏覽一下他是怎麼做的。除了看他的效果，也看他的程式碼。程式碼看不懂怎麼辦？ 當然不是要你逐字逐行去讀，而是貼給 AI 請他幫你解釋。你可以試著用三個不同的層次向 AI 提問：

- 高層次：請問這整支程式是做什麼的？用來解決什麼問題？
- 中層次：請問裡面用到哪些 function，各是做什麼用的？可以幫我用 mermaid 畫成流程圖嗎？
- 低層次：這一行程式是什麼意思？這個語法是什麼意思？為什麼這個參數是 xxxx？

多看多學多模仿，對於建立你自己的想像畫面非常有幫助！ 你不需要很紮實地了解每一個程式細節，你只要能夠想像這個東西怎麼套用在自己的流程上就好。

◆ 找到一起成長的夥伴

一個人走得快，一群人走得遠。找一群夥伴一起學習，絕對是學習良方。

在學習工作自動化的路上，最好是能夠在自己部門裡找到一個相互扶持的小夥伴。因為他了解你的工作業務、他知道你的難題痛點，所以他能夠陪著你一起討論，更重要的是他能立即分享你成功自動化的喜悅。

別人可能不理解你把某個任務自動化是多麼有價值的一件事，但你的職務代理人肯定理解。

除了可以找同事一起研發自動化，也歡迎加入我們專為新手開的 LINE 社群 **亨利羊 程式魔法新手村** 跟一群有志學習的人一起成長！

也可以追蹤亨利羊的 Threads 或 Facebook，我會經常分享一些有助提升工作效率的工具或靈感。

16.1.2 一法通、萬法通

雖然本書主力在 Google Apps Script、Python、VBA 這三種語言，但當你一旦懂得「如何問 AI」、「如何理解程式在做什麼」，你會發現所有程式語言，其實只是不同的咒語罷了。最重要的還是你能不能用中文把你的需求講得清楚。

而除了程式語言之外，最近還有很多當紅的自動化工具，都是號稱 low code 或是 no code 的，像是 n8n / make / zapier。不過根據經驗，雖然他們都強調 low code，但裡面其實都還是可以寫 code 來實現更細緻的邏輯。而且有程式語言基礎的人，在學這些新工具的時候也能上手得更快更靈活！

推薦大家也都可以去玩一玩試試看，因為沒有哪一種自動化工具是最好的，不同的情境就需要不同的工具。寫程式不一定是最好的，不用寫程式也不一定是最好的。

不過「AI 寫程式」比起「AI 教你使用 no code 工具」，AI 在前者的回答還是更加紮實可靠一點。

16.1.3　小結語：你的魔法之旅，才正要開始

這本書不是結束，而是一把鑰匙，打開你工作與生活自動化的第一扇門。未來你會發現，有了 AI，只要多問一點、多試一次，你就能創造出專屬於自己的自動化魔法。

Note

Note